智能终端应用与维护

黄智晗　　主编
谢丽珺　张　莉　周兴舜　副主编

清華大學出版社
北　京

内 容 简 介

本书以工作过程为导向，选取企业真实案例，将理论与实践相结合，是双元育人职业教育教学探索的成果。本书针对智能家居控制领域的 8 种智能终端产品，通过一个个独立而又相互联系的项目，详细阐述了产品的原理、构造、应用场景以及维护维修方法等知识。

本书内容体现理论知识与实际应用相结合，引入职业资格技能等级考核标准、岗位评价标准及综合职业能力评价标准，形成立体多元化的教学评价标准。既能满足学历教育需求，也能满足职业培训需求。本书主要读者对象为中等职业院校电子电工、物联网等专业的学习者，也可用于高等职业院校教学、行业企业员工培训、岗位技能认证培训等。

图书在版编目(CIP)数据

智能终端应用与维护 / 黄智晗主编. -- 北京 : 清华大学出版社, 2024. 12.

ISBN 978-7-302-67810-6

Ⅰ. TP334.1

中国国家版本馆CIP数据核字第2024QE3453号

责任编辑：李玉茹

封面设计：李　坤

责任校对：翟维维

责任印制：丛怀宇

出版发行：清华大学出版社

网　　址：https：//www.tup.com.cn，https：//www.wqxuetang.com

地　　址：北京清华大学学研大厦A座　　**邮　　编**：100084

社 总 机：010-83470000　　**邮　　购**：010-62786544

投稿与读者服务：010-62776969，c-service@tup.tsinghua.edu.cn

质量反馈：010-62772015，zhiliang@tup.tsinghua.edu.cn

印 装 者：三河市龙大印装有限公司

经　　销：全国新华书店

开　　本：185mm×260mm　　**印　　张**：14　　**字　　数**：341千字

版　　次：2024年12月第1版　　**印　　次**：2024年12月第1次印刷

定　　价：59.00元

产品编号：108999-01

前言

在日新月异的数字化时代，智能技术正以前所未有的速度渗透并重塑着我们的生活、工作与学习方式。从智能手机、平板电脑到可穿戴设备、智能家居控制系统及智能制造等，智能终端不仅极大地丰富了人们的生活方式，更为各行各业的数字化转型提供了强大的驱动力。面对这一趋势，培养具备智能终端应用与维护能力的高素质技能型人才成为职业教育领域亟待解决的重要课题。

本书的编写，正是基于对当前智能终端应用发展趋势的深刻洞察，以及对职业教育学生岗位技能提升需求的精准把握。本书通过系统化的知识体系构建，帮助学习者紧跟时代步伐，深入理解智能终端的技术原理、应用场景及未来趋势，同时强化其实践操作能力和问题解决能力，以适应未来工作岗位的更高要求。

本书邀请了来自行业一线的企业专家与资深教育工作者共同参与编写，这一合作模式不仅确保了教材内容的前沿性、实用性和针对性，更使得学生在学习过程中能够直接接触到行业最新的技术动态和实际需求，从而更加精准地定位自己的职业发展方向。

企业专家的参与为本书带来了丰富的实战经验和行业案例，使得理论知识在真实的工作场景中得到验证和应用。同时，教育工作者的严谨治学态度和教学经验，则确保了知识的系统性和易理解性，能帮助学习者构建起扎实的知识基础。

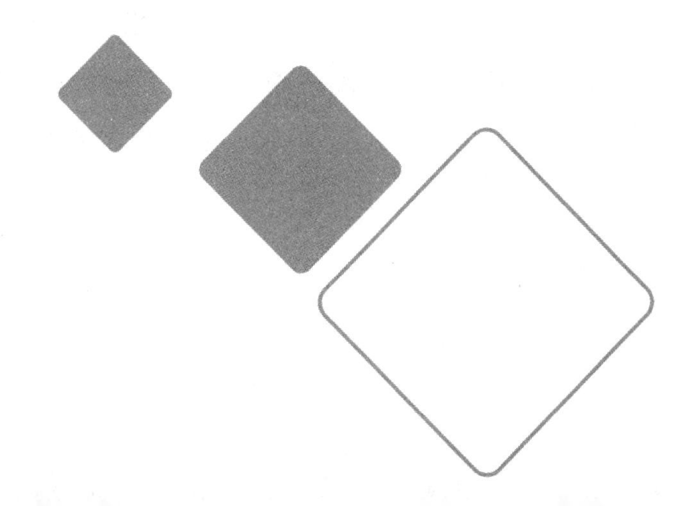

与传统学科体系的教材对比，本书具有以下特点。

1. 响应国家职业教育改革的号召

本教材紧密围绕国家对职业教育改革的要求，注重理论与实践相结合，突出学生职业技能和实践能力的培养。通过项目式教学，使学生在学习过程中不断积累实践经验，提高解决问题的能力，从而适应社会对高素质技能人才的需求。

2. 校企合作开发的优势

行业前沿性与实用性相结合：企业方凭借其丰富的行业经验和市场敏感性，能够为本书提供最新的产品信息和实际应用案例。

理论与实践深度融合：校企合作开发教材，注重理论与实践的深度融合。企业方能够提供真实的产品、流程及标准，为实践教学提供有力支持。

强调职业技能与素养的培养：本书不仅包含产品的原理、构造等基础知识，还涵盖了产品的安装、调试、维护维修等实践操作技能。同时，本书还注重培养学生的团队协作、沟通能力等职业素养。

灵活性与可拓展性并存：采用活页式教材，可以根据行业发展变化和技术更新进行及时的修订和补充，确保内容始终保持最新状态。

3. 以学习者为中心的项目式教学

本书采用项目式教学方式，以学习者为中心，通过引导学习者主动探索、实践操作和解决问题，激发他们的学习兴趣和积极性。

4. 涵盖产品种类多，适用性广

每个项目都围绕一个具体的智能终端产品展开，使学生在完成项目的过程中逐步掌握产品的原理、构造、应用场景和维护维修方法。

本书由黄智晗、谢丽珺、张莉、周兴舜共同编写。在编写过程中由于编者水平有限，书中不足之处在所难免，恳请广大读者批评指正。

编　者

目录

项目1

智能终端设备的应用与认知

任务 1 智能终端设备应用领域的认知

1 学习目标

（1）能够阐述智能终端设备的基本概念。

（2）识别智能终端设备的分类及相关领域的产品。

（3）能够说明智能终端设备的作用及应用领域。

（4）能够描述智能终端设备未来的发展趋势。

2 任务描述

本任务要求学员了解智能终端设备的基本概念，能够清楚哪些产品属于智能终端，能对其进行分类，并了解智能终端未来的发展方向。重点掌握智能终端设备的应用领域，熟悉其在各个领域中的作用。

3 知识储备

什么是智能终端

1） 智能终端设备的概述

智能终端设备是指具有计算和通信能力的电子设备，能够通过连接互联网和其他设备来获取、处理和传输信息。智能终端设备通常拥有操作系统、处理器、存储器、显示屏和各种传感器，能够与用户进行交互和执行各种任务。智能终端是指具有信息采集、处理和连接能力，同时可以实现智能感知、交互和大数据服务等功能的新兴互联网硬件产品，主要包括智能手机、个人电脑、智能家居设备、智能安防设备、VR/AR 设备和智能可穿戴设备等。

2）智能终端设备的分类

智能终端设备按照功能进行分类，可以分为智能计算设备、智能传感设备和智能输出设备。按照应用进行分类，可以分为移动智能设备、智能家居、智能安防和智能健康等。

3）智能终端设备及功能

智能终端设备通常包括计算机、手机、平板电脑、智能家电、穿戴设备等。智能终端设备具有计算、存储、通信和多媒体等功能，可以实现智能识别、语音识别、人脸识别等多种人工智能应用，如图 1-1-1 所示。

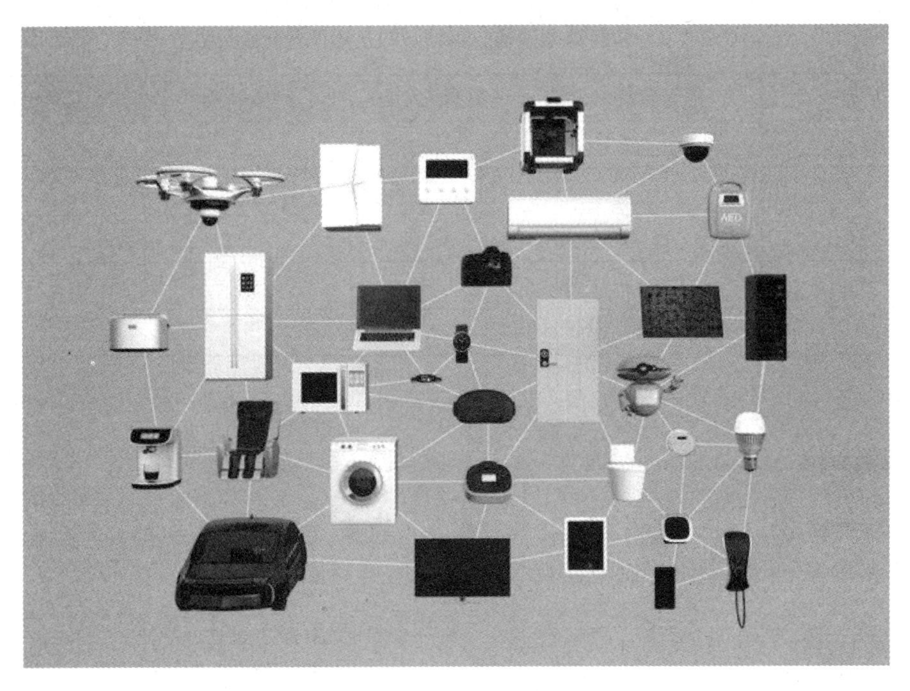

图 1-1-1　智能终端设备

4）未来发展

未来几年，智能终端市场将迎来一系列机遇和挑战。随着 5G 技术的普及和物联网的快速发展，智能终端设备将更加智能化、网络化，智能穿戴设备、智能家居、智能车载终端等新兴市场将迎来爆发式增长。

（1）智能化：智能终端将更加智能、更加便捷和更加自主。

（2）网络化：智能终端将更加联网、更加互动和更加实时。

（3）模块化：智能终端将更加模块化，用户可以根据需求进行组合、拆卸和升级。

总之，智能终端是一种非常重要的智能化设备，在未来的生活、工作和娱乐中将发挥越来越重要的作用。随着科技的不断发展，智能终端的功能和应用也将得到不断拓展和提升。同时，相关行业将面临技术和创新的压力，如何在安全和隐私方面取得平衡将成为一大挑战。

4　任务准备

（1）查阅或搜索工具：查阅各领域的智能产品，拓宽对智能设备的认识。

（2）智能设备相关的书籍：拓展对智能设备的知识储备。

5　工作计划

以小组讨论的形式进行组内任务分工，发挥小组成员的特长，通过协作完成任务，并完成表 1-1-1。

表 1-1-1 智能终端设备应用领域的认知任务分配计划表

类 别	任务名称	负责人	完成时间	工具设备
1				
2				
3				
4				
5				
6				

6 任务实施

智能终端已广泛应用于生活、工作和娱乐等领域，如图 1-1-2 所示。生活中常见的智能终端设备包括但不限于以下几类。

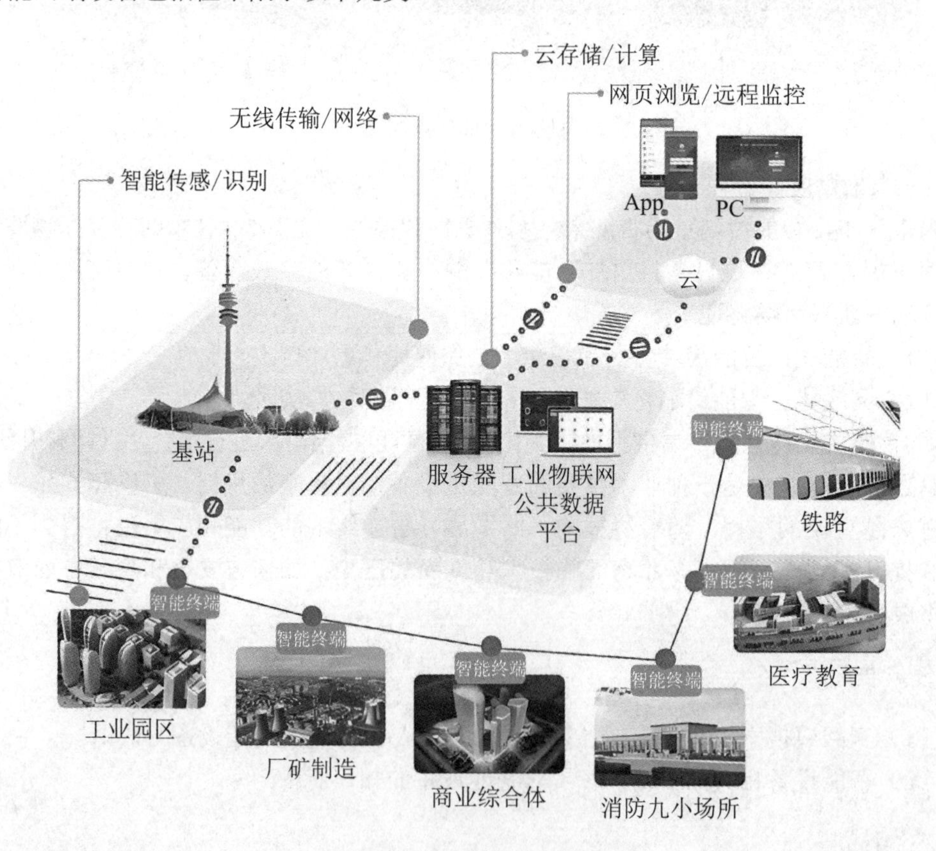

图 1-1-2 智能终端设备的应用

（1）移动智能终端：这类设备拥有接入互联网的能力，通常搭载各种操作系统，可根据用户需求定制各种功能。生活中常见的智能终端包括车载智能终端、智能电视、智能手机等。

（2）智能家居设备：通过物联网技术将家庭环境中的各种设备连接在一起，能实现智能化控制。智能家居设备的种类繁多，包括智能门锁、智能照明、智能空调、智能冰箱、智能扫地机器人等，如图 1-1-3 所示。这些设备可以通过手机 App、语音助手等方式进行远程控制，让生活更加便捷。

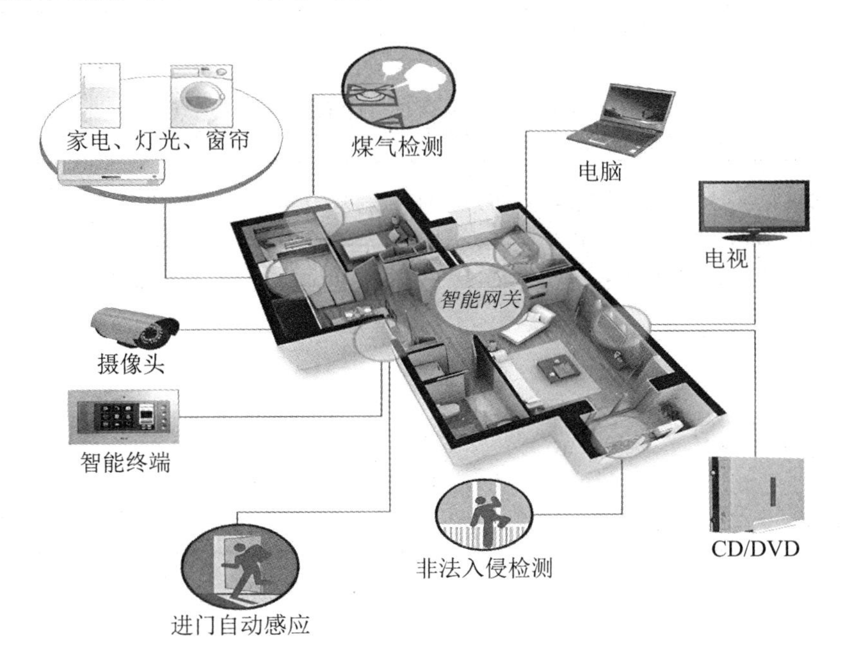

图 1-1-3 智能家居设备

（3）智能穿戴设备：指可以穿戴在身上的智能设备，如智能手表、智能眼镜、智能手环等。这些设备不仅具备基本的时间显示功能，还可以监测健康状况、记录运动数据、接收通知等。

（4）智能交通设备：指应用于交通领域的智能设备，包括智能交通信号灯、智能停车系统、智能车载设备等。这些设备通过运用先进的传感器、通信和人工智能技术，可实现对交通流量的智能调度、车辆的安全驾驶和停车的便捷管理。

（5）智能医疗设备：这是医疗领域的一大创新，通过集成传感器、图像处理、大数据分析等技术，实现对疾病的早期预警、精准诊断和治疗。其中包括智能血压计、智能血糖仪、智能心电监测仪等家用设备，以及智能手术机器人、智能影像诊断系统等医用设备。

（6）智能办公设备：指应用于办公领域的智能设备，如智能投影仪、智能打印机、智能会议系统等。这些设备通过运用物联网、云计算等技术，能实现办公环境的智能化管理和办公流程的优化。

7 任务检查

检查所有的表格是否填写完毕，所有仪器是否整理到位，将检测过程中出现的问题与培训师进行沟通，并把所获得的结论记录在表 1-1-2 中。

表 1-1-2　智能终端设备应用领域的认知任务检查表

类 别	检测类型	检查点	是否掌握（√）	备 注
1	基本概念	了解智能终端设备的基本概念	□ 是 □ 否	
2	产品及分类	了解智能终端的分类，清楚智能终端产品有哪些	□ 是 □ 否	
3	应用领域	掌握智能终端设备的应用领域，理解温控设备在各个领域中的作用	□ 是 □ 否	
4	未来发展	了解智能终端未来的发展方向及影响	□ 是 □ 否	

将检测中出现的异常现象通过团队讨论给出解决方案，并简要记录在下方。

____

8　任务评价

在表 1-1-3 中自评在团队中的表现。

表 1-1-3　自评

自我评价成绩：____

项 目	标 准	等 级		
		优 5 分	良 4 分	一般 3 分
职业素养	完全遵守实训室管理制度和作息制度			
	积极主动查阅资料，与团队成员沟通、讨论解决老师布置的问题			
	准时参加团队活动，并为此次活动建言献策			
	能够在团队意见不一致时，用得体的语言提出自己的观点			
	在团队工作中，积极帮助团队成员完成任务			
专业知识	了解智能终端设备的基本概念			
	掌握智能终端设备的应用领域			
	掌握智能终端设备在各领域中的作用			
	了解智能终端设备未来的发展方向			

（1）你与团队成员合作过程中是否遇到问题？原因是什么？

____

（2）本任务完成后，你认为个人还可以从哪些方面改进，以使后面的任务完成得更好？

____

（3）如果团队得分是 10 分，请评价你在本次任务完成中对团队的贡献度（包括团队合作、课前资料准备、课中积极参与、课后总结等），并打出分数，说明理由。

分数：__________　理由：______________________________

任务2　智能控制系统的认知

1　学习目标

（1）能够阐述智能控制系统的基础概念，认识其对现代工业和生活的影响。

（2）能够识别智能控制系统的相关技术手段。

（3）能够识别智能控制系统的基本构造。

（4）能够描述智能控制系统的应用领域及分类。

2　任务描述

本任务要求学员在了解智能控制系统概念的基础上，进一步认识其对生活和现代工业的影响。学员需掌握智能控制系统的构造及系统中各单元的作用，加深各单元在系统中的控制原理，熟悉其应用领域及作用。

3　知识准备

智能终端系统的认知

1）智能控制系统的概念

智能控制系统是指利用计算机技术、通信技术、传感器技术、控制理论等多种技术手段，实现对生产过程、设备系统、环境等各种对象的智能化控制。智能控制系统可以帮助人们更加方便地实现对各种设备、机器、系统的控制，并提高控制的精度和效率，如图 1-2-1 所示。

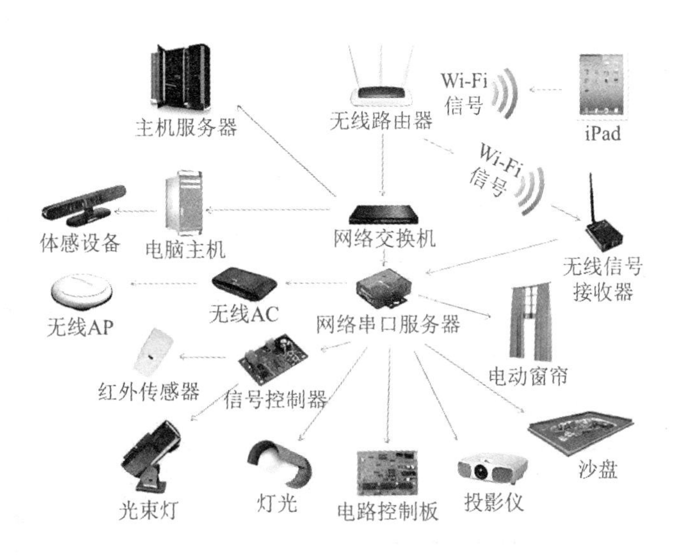

图 1-2-1　智能控制系统

2）智能控制系统的分类

智能控制系统按照应用领域和控制对象的不同，可以分为以下几类。

（1）工业控制系统：主要用于工业生产过程中的自动化控制，包括生产线控制、机器人控制、自动化装置控制等。

（2）智能家居系统：主要用于家庭环境中的智能化控制，包括智能家居安防系统、智能照明系统、智能家电控制系统等。

（3）建筑自控系统：主要用于公共建筑、商业建筑和住宅建筑中的智能化控制，包括楼宇自控系统、智能门禁系统、智能楼宇照明系统等。

（4）环境监测系统：主要用于环境保护和资源管理领域，包括大气污染监测、水质监测、土壤污染监测等。

3）智能控制系统的优点和不足

智能控制系统的优点包括可以提高控制精度、节约人工成本，还可以实现远程控制。同时也存在一定的弊端，比如需要克服系统兼容性的问题，以及确保数据安全和个人隐私等问题。因此，在应用智能控制系统时，我们需要仔细评估其风险和效益，并采取适当的管理和保护措施。

4 任务准备

（1）查阅及搜索工具：查阅各领域的智能产品，进一步认识智能系统控制及其他应用场景。

（2）智能控制系统相关的资料：了解更多智能控制系统相关知识，与其他学员共同探讨，加深对智能控制系统的认知。

（3）学习用品：准备好本任务的学习用品，如笔记本、圆珠笔等，提取本任务的重点知识，做好笔记，以便课后复习。

5 工作计划

以小组讨论的形式进行组内任务分工，发挥小组成员的特长，通过协作完成任务，并完成表 1-2-1。

表 1-2-1　智能控制系统的认知任务分配计划表

类 别	任务名称	负责人	完成时间	工具设备
1				
2				
3				
4				
5				
6				

6 任务实施

1）掌握智能控制系统的基本构造

智能控制系统主要由 6 部分组成，分别为执行器、传感器、感知信息处理器、规划与控制、系统分析和通信接口。每个部分都有独立的工作原理，同时相辅相成，才有了先进的智能控制系统，如图 1-2-2 所示。

图 1-2-2　智能控制系统应用场景

2）智能控制系统中各单元的作用

每个部分都各司其职为智能控制系统传递自己的功能。

（1）执行器作为系统的输出，对外界有着极强的感应，对外界发生的对象能及时做出回应。

（2）传感器是智能系统的输入，用于对外界进行监测与观察系统本身的状态，对感知到的信息进行处理。

（3）感知信息处理器是对传感器中传送的原始信息进行处理，再与内部的期望信息进行比较。

（4）规划与控制是整个系统的核心，它通过制定任务，对接收信息进行反馈，以及对知识经验进行自动搜索、推理决策，并做出规划。

（5）系统分析主要用来对接收的信息进行存储，对数据进行分析推理，做出决策后，再送至规划与控制部分。

（6）通信接口除建立人机联系以外，还要建立系统各部分的串联关系，让系统更有效地工作。

总之，智能控制系统中的 6 个部分相辅相成，能更好地为用户提供更大的便利。

3）智能控制系统在各个领域的应用

智能控制系统是现代工业自动化技术的重要组成部分，它可以实现对生产过程、设备系统、环境等各种对象的智能化控制。智能控制系统具有监测、控制、诊断、优化、远程控制等功能，广泛应用于工业、智能家居、交通、医疗、农业、建筑、环保等领域。

（1）在工业生产中，可以实现生产流程的自动化控制，提高生产效率，降低生产成本。

（2）在智能家居系统中，可以实现家庭环境的智能化控制，提高生活质量，节约能源，如图 1-2-3 所示。

智能终端设备的应用

图 1-2-3　智能家居系统

（3）在交通运输中，可以实现智能交通管理和智能车辆控制，提高交通效率和安全性。

（4）在医疗领域，可以实现医疗设备的智能化控制和数据监测，提高医疗服务质量。

（5）在农业领域，可以实现对大棚的温湿度监控，远程控制大棚的喷淋和通风，如图 1-2-4 所示。

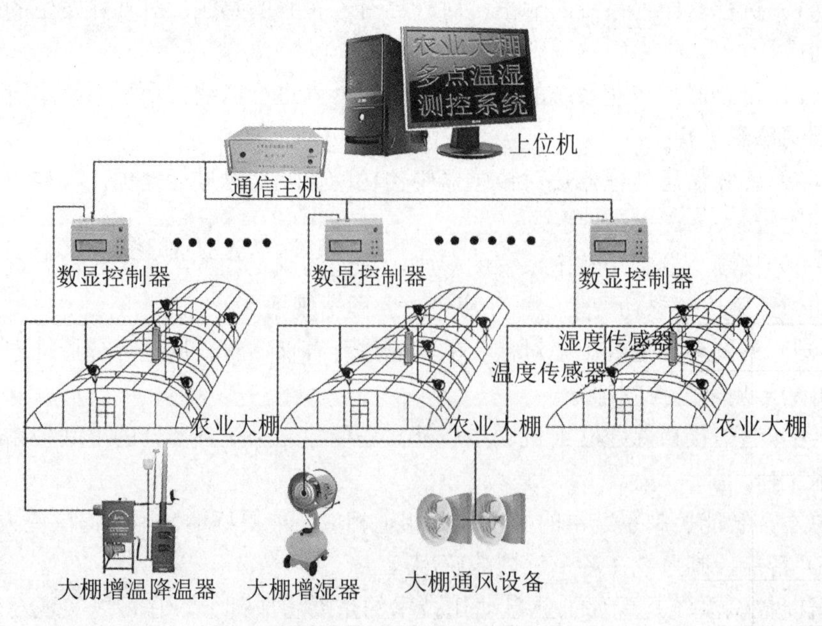

图 1-2-4　智能农业

（6）在建筑自控系统中，可以实现公共建筑、商业建筑和住宅建筑的智能化管理，提高建筑物的安全性和舒适度，如图 1-2-5 所示。

（7）在环境监测系统中，可以实现对环境污染和资源利用的监测及管理，有助于环境保护和资源管理。

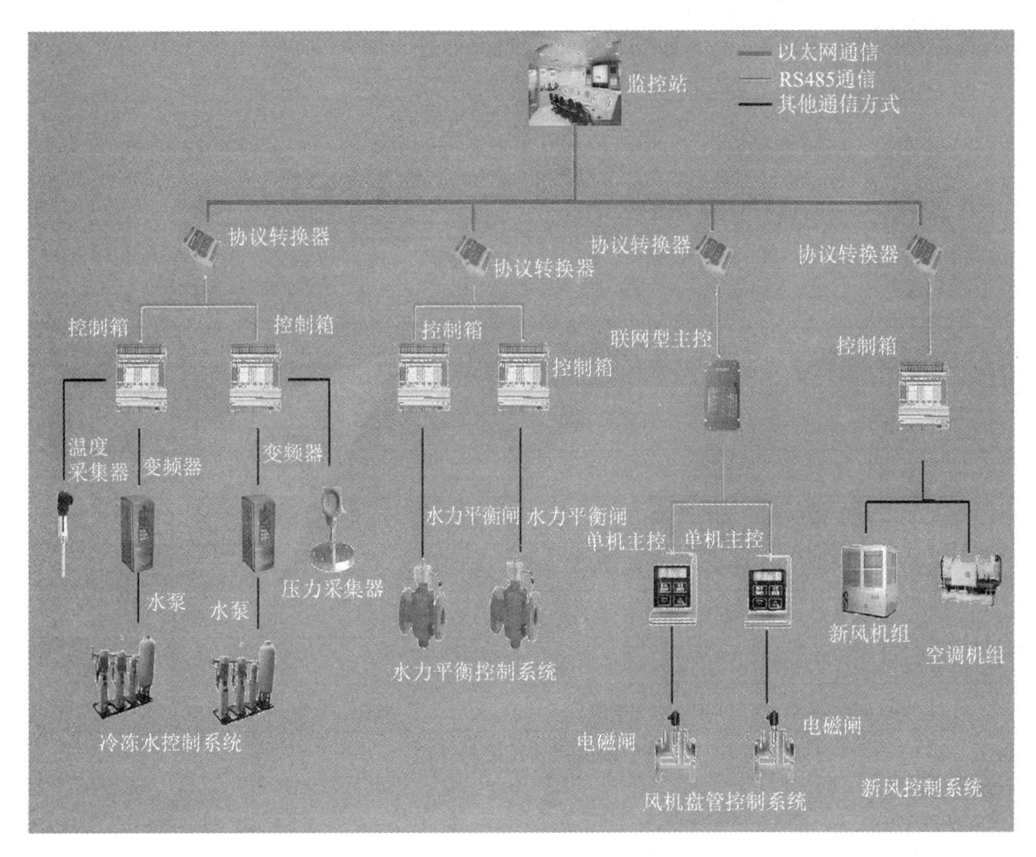

图 1-2-5　智能系统

7　任务检查

检查所有的表格是否填写完毕，所有仪器是否整理到位，将检测过程中出现的问题与培训师进行沟通，并把所获得的结论记录在表 1-2-2 中。

表 1-2-2　智能控制系统的认知任务检查表

类 别	检测类型	检查点	是否掌握（√）	备 注
1	基本概念	了解智能控制系统的概念，对其在工业及生活中有新的认识	□ 是 □ 否	
2	技术手段	通过对智能控制系统的了解，理解其在各领域中运用的技术手段	□ 是 □ 否	
3	系统构造	掌握智能控制系统的基本构造，理解各单元在系统中的控制原理，进一步了解其在系统中的作用	□ 是 □ 否	
4	应用领域	熟悉智能控制系统的应用领域，认识其在各领域的应用产品，进一步了解其对现代科技的影响	□ 是 □ 否	

将检测中出现的异常现象通过团队讨论给出解决方案，并简要记录在下方。

____

8 任务评价

在表 1-2-3 中自评在团队中的表现。

表 1-2-3 自评

自我评价成绩：____

项 目	标 准	等 级		
		优 5 分	良 4 分	一般 3 分
职业素养	完全遵守实训室管理制度和作息制度			
	积极主动查阅资料，与团队成员沟通、讨论并解决老师布置的问题			
	准时参加团队活动，并为此次活动建言献策			
	能够在团队意见不一致时，用得体的语言提出自己的观点			
	在团队工作中，积极帮助团队其他成员完成任务			
专业知识	了解智能控制系统和分类			
	掌握智能控制系统的构造和每个构造在系统中的作用			
	了解智能控制系统的优缺点			
	掌握智能控制系统的应用领域			
专业技能	学会智能控制系统所用的技术手段			
	能够独立说明智能控制系统相较传统控制系统的优势			
	能够独立讲述智能控制系统的构造及其作用			
	能够举例说明智能控制系统的应用领域			

（1）你与团队成员在合作过程中是否遇到问题？原因是什么？

____

____

（2）本任务完成后，你认为个人还可以从哪些方面改进，以使后面的任务完成得更好？

____

（3）如果团队得分是 10 分，请评价你在本次任务完成中对团队的贡献度（包括团队合作、课前资料准备、课中积极参与、课后总结等），并打出分数，说明理由。

分数：__________ 理由：______________________________

项目2

智能灯的应用与维护

任务1 构造与应用

1 学习目标

（1）能够阐述智能灯的概念、优点及智控窗帘的分类。
（2）能够识别智能灯的基本构造，熟悉各部分在系统中的作用及相互关联。
（3）能够描述智能灯的工作原理和应用技术。
（4）能够描述智能灯的应用场景及未来发展趋势。

2 任务描述

本任务要求学员分组搜集关于智能灯的资料，包括基本概念、发展历程、应用场景、市场现状，结合老师的讲解，通过实物观察，了解智能灯的构造、工作原理及应用技术，并分组讨论智能灯相比传统照明灯的优势，同时准备简短报告进行分享。在老师的指导下进行学习总结和评价。

3 知识储备

1）智能照明系统的基础知识

智能灯是智能照明系统的一个终端设备，了解智能灯之前，需要先了解智能照明系统的组成及应用技术，从而掌握智能灯的工作原理。

（1）什么是智能照明系统

智能照明系统是利用最新的信息技术和智能控制技术来实现对灯光的智能调节和管理的系统。它采用了各种传感器（如光照传感器和人体红外传感器）、无线通信技术（如Wi-Fi、蓝牙或ZigBee）以及自动化控制算法，使得照明设备能够根据环境条件与用户需求进行智能调节和自动化控制。智能照明系统不仅可以提供基本的照明功能，还可以实现诸如调光、色温调节、场景设置、远程控制等高级功能，为用户带来更加便利、舒适和个性化的照明体验，如图2-1-1所示。

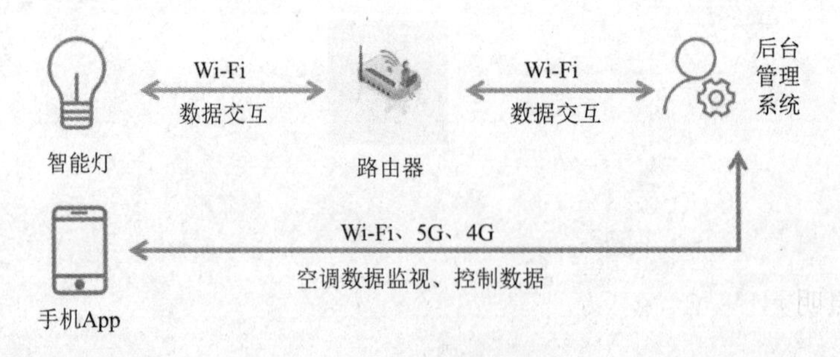

图2-1-1 智能照明系统

（2）智能照明系统的组成

智能照明系统通常由照明设备、传感器、无线通信设备、智能控制器和用户界面组成。

① 照明设备：包括 LED 灯、调光驱动器、照明控制器等。这些设备可以通过智能调光和色温调节功能来实现照明效果的调整。

② 传感器：如光照传感器、人体红外传感器和温湿度传感器等，用于感知环境条件和用户需求。

③ 无线通信设备：如 Wi-Fi 模块、蓝牙模块或 ZigBee，用于实现与其他设备或互联网的连接。

④ 智能控制器：主要负责接收传感器信号、处理数据和控制照明设备的智能控制单元。

⑤ 用户界面：如手机 App、遥控器或智能家居平台，用于用户与智能照明系统进行交互。

（3）智能照明系统的优势

智能照明系统相比传统照明系统具有许多优势，主要表现在以下几个方面。

① 节能高效：智能照明系统可以根据环境条件与用户需求自动调节照明亮度和色温，最大程度地减少能源浪费，提高能源利用效率。

② 舒适个性化：用户可以根据自己的喜好和需求调整照明效果，如调光、色温设置和场景切换等，为不同场景和活动提供最佳的照明体验。

③ 智能自动化：通过集成传感器和自动化控制算法，智能照明系统可以实现自动开关、定时控制和人体感应等功能，提高照明系统的智能化程度。

④ 远程控制管理：通过网络连接和智能手机 App 等工具，用户可以随时随地对智能照明系统进行远程控制和管理，方便快捷。

2）智能灯的构造及工作原理

智能灯的构造主要包括照明元件（光源）、驱动电路、传感器、通信模块和外壳，如图 2-1-2 所示。

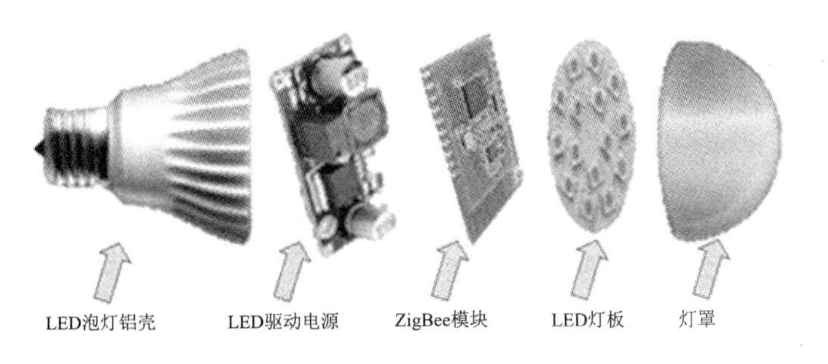

图 2-1-2 智能灯构造

（1）照明元件：目前市场上常见的光源有 LED 灯、白炽灯、荧光灯等。其中，LED 灯是最为常见的光源，相比传统的白炽灯泡， LED 灯泡具有更高的能效和更长的寿命。 LED 灯泡是通过半导体材料的电子能级跃迁产生可见光，其亮度和颜色可以根据电流大小和频率进行调节。

（2）驱动电路：智能灯泡的驱动电路负责控制 LED 的亮度和颜色。它通常由电源模块、调光芯片和功率驱动器组成。其中，电源模块负责将市电（AC）转换为适合 LED 工作的直流电（DC），同时提供所需的电流和电压；调光芯片是智能灯实现调光功能的关键部件，它能够调节电流和频率，从而控制 LED 的亮度；功率驱动器负责将调光芯片产生的调光信号转换为对 LED 的实际驱动电流。

（3）传感器：智能灯通常会集成光线传感器、温湿度传感器、人体红外传感器等，用于感知环境的光线、温度、湿度和人体活动等因素。通过传感器的采集，智能灯可以了解到当前环境的状态，从而进行智能化的调节和控制，如图 2-1-3 所示。

图 2-1-3　居室智能灯

（4）通信模块：智能灯通常配备了无线通信模块，如 Wi-Fi 、蓝牙或 ZigBee ，以实现远程控制和与其他智能设备的互联。通信模块可以与智能手机、智能音箱或智能家居系统进行互联，用户可以通过这些设备对智能灯进行远程控制、调节亮度和切换颜色。

（5）外壳：用于保护内部电路板、灯源等关键元件，既防尘又能起到防止内部元件被意外撞击和物理损伤，确保设备正常运行。

3）智能灯的应用

照明的功能，早已从最初的单纯照明，演变到了如今的多样化需求，比如氛围营造、凸显景点、个性化打造等。各种场合下，所需的灯光效果各异，应根据用户不同的领域、需求，提供不同功能的智慧照明整体解决方案，以适应各场合的需求。智能灯广泛用于城市交通、智能家居、运动场馆、博物展览馆、庆典、宴会厅和商业街区等，如图 2-1-4 所示。

（1）道路交通：道路照明的要求相对简单，满足行车照明即可，同时减少浪费。智能照明系统能对路灯进行远程控制与管理，能根据车流量动态调节亮度，节省电力资源。

智能照明的应用

图 2-1-4　智能灯应用

（2）智能家居：在家居应用上，照明灵活性、控制多样性是首要的，可为家庭成员设置不同的操作；除了对各自卧室进行管理之外，还可对公共场合进行管理。各区域可选择对应的管理模式，比如外出、睡眠、影音、会客等。

（3）运动场馆：运动场馆根据运动项目的不同，灯光效果需体现不同的需求。接入具有调光效果的 LED 灯具或其他带有颜色的灯具，调控灯光变色、亮暗强弱变化，可营造氛围。

（4）博物展览馆：根据观览人流调节展品和一般照明照度，可有效控制被保护展品的曝光量。

（5）庆典活动：根据具体活动安排，可对单独一盏灯、一组灯调控亮度、变色，对同一区域统一管理，充分配合活动目的，营造绚丽多彩的艺术灯光场景。

（6）宴会厅、商业街区：根据预设的时间和人员密度，通过视频监视终端探测人流密度、流动趋势，自动设定场所的照明场景。

4　任务准备

（1）实物：准备一套智能灯，根据实物学习智能灯的内部构造。

（2）相关资料：准备一些智能家居的相关资料，了解智能照明在智能家居系统中的应用。

（3）产品说明书：根据说明书学习智能灯的基本功能和使用方法。

5　工作计划

以小组讨论的形式进行组内任务分工，发挥小组成员的特长，通过协作完成任务，并完成表 2-1-1。

表 2-1-1　智能灯构造与应用任务分配计划表

类 别	任务名称	负责人	完成时间	工具设备
1				
2				
3				
4				
5				
6				

6 任务实施

（1）观察智能灯，说明智能灯的构造包含哪些部分。

____

（2）智能照明系统中，手机控制灯光应用了什么技术手段？

____

（3）当人体靠近智能灯具时灯光亮起，是什么技术原理？应用了什么元件？

____

（4）通信模块在智能照明系统中的作用是什么？

____

（5）请列举两个日常生活中见过的智能照明设备。

____

7 任务检查

检查所有的表格是否填写完毕，所有仪器是否整理到位，将检测过程中出现的问题与培训师进行沟通，并把所获得的结论记录在表 2-1-2 中。

表 2-1-2　智能灯构造与应用任务检查表

类 别	检测类型	检查点	是否掌握（√）	备 注
1	概念及组成	了解智能照明系统的概念、组成及优势	□ 是 □ 否	
2	应用技术	掌握智能照明系统应用的技术	□ 是 □ 否	
3	构造和工作原理	掌握智能灯的基本构造和工作原理，熟悉每个单元之间的关联	□ 是 □ 否	
4	应用领域	根据掌握智能灯的工作原理，清楚智能灯在不同场景中的应用	□ 是 □ 否	

将检测中出现的异常现象通过团队讨论给出解决方案，并简要记录在下方。

____

____

8 任务评价

在表 2-1-3 中自评在团队中的表现。

表 2-1-3　自评

自我评价成绩：____

项　目	标　准	等　级		
		优 5 分	良 4 分	一般 3 分
职业素养	完全遵守实训室管理制度和作息制度			
	积极主动查阅资料，与团队成员沟通、讨论并解决老师布置的问题			
	准时参加团队活动，并为此次活动建言献策			
	能够在团队意见不一致时，用得体的语言提出自己的观点			
	在团队工作中，积极帮助团队其他成员完成任务			
专业知识	了解智能照明系统的概念和系统组成			
	熟悉智能照明系统相较传统照明系统的优势			
	掌握智能照明系统的应用技术			
	理解智能灯的构造和工作原理			
	能举例说明智能灯在不同场景中的应用			
专业技能	学会智能照明系统由哪些单元组成			
	熟悉智能照明系统的应用技术及优势			
	能够叙述智能灯的基本构造及各单元的相互关联			
	能够叙述智能灯的工作原理			
	能够举例智能灯的应用场景			

分数：__________　理由：________________________________

任务2 产品组装

1 学习目标

（1）掌握智能灯基本组成及工作原理，能够理解各部件的功能及相互关联。

（2）能够应用智能灯的组装技巧，按照标准操作流程和安全规范进行组装。

（3）具备分析问题和解决问题的能力，能够分析组装过程中的常见故障并采取相应的解决措施。

（4）具备培养团队协作能力，能够在任务执行过程中相互支持。

2 任务描述

本任务要求学员在了解智能灯的构造和工作原理的基础上，按照规定的步骤和方法完成智能灯的组装。学员需熟悉设备组装所需的工具、材料和安全操作规程，确保组装过程的顺利进行，并对组装完成的设备进行基本的功能测试和安全性检查。

3 知识准备

1）智能灯的基本构成

智能灯的主要组成部件包括ZigBee通信模块、电源驱动板、光源、连接线、光源外壳、电源驱动外壳。其中电源驱动板是集交流转直流电源、LED驱动、MCU（控制调光）功能的电路板，如图2-2-1所示。

筒射灯驱动电源的基本构造

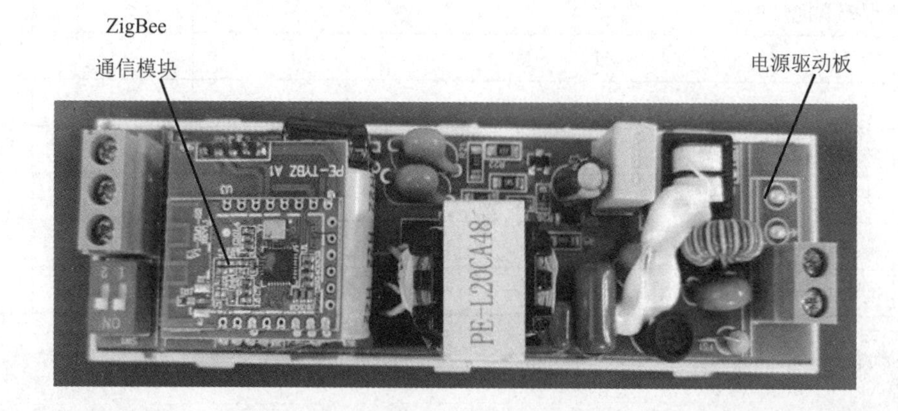

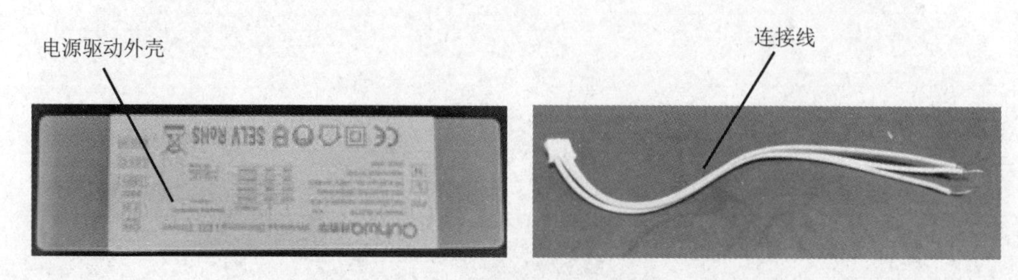

图2-2-1 智能灯的组成

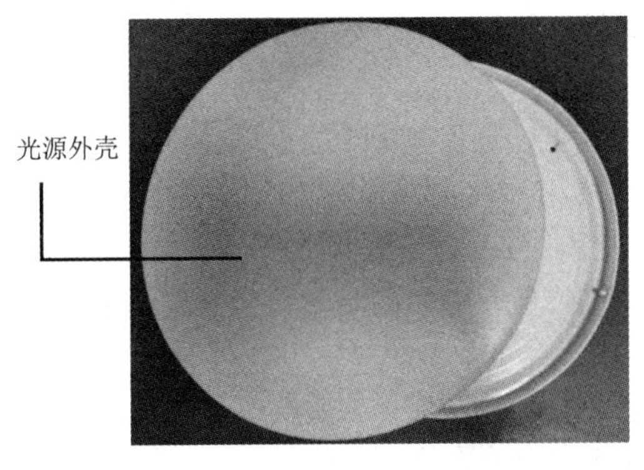

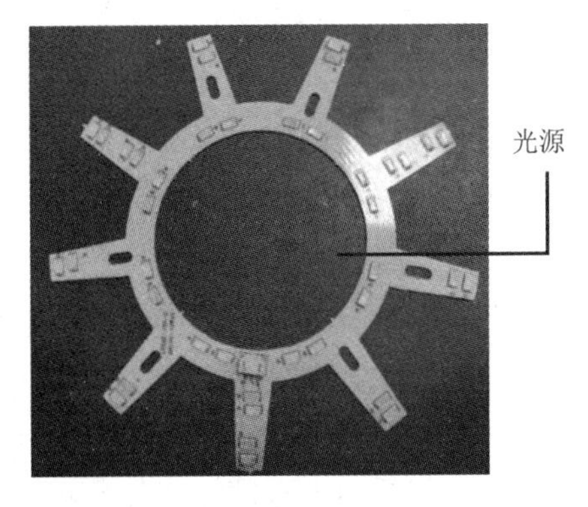

图 2-2-1 智能灯的组成（续）

2） 核心部件的作用和工作原理

（1）通信模块：应用 ZigBee 通信技术，实现与其他智能家居设备和用户的通信，支持手机远程控制。

（2）电源驱动板：包括电源管理（将交流电转换成直流电，再通过降压分别为通信模块和 MCU 提供电源）、MCU（负责灯光控制和通信管理）和 PMW 控制器（用于调节 LED 亮度和色温）。

（3）光源：由 LED 组成，起照明作用。

（4）外壳：保护内部组件，确保灯具的安全性和美观。

3）组装流程和规范

学习智能灯组装的标准操作流程，包括组装顺序、连接方法等，并了解相关的安全规范和注意事项。

（1）工作环境与散热。

① 确保组装环境温度在设备规定的工作范围内，避免高温或低温对设备性能产生影响。

② 保持工作区域空气流通，以便散热，防止设备过热导致性能下降或损坏。

③ 焊接温度不宜过高，正常在 250℃ ~300℃，焊接时间不宜过长，每次控制在 3s 内。温度过高或焊接时间过长，都有可能导致元器件损坏。

（2）熟悉设备结构与功能。

① 在组装前，应详细阅读设备的使用说明和技术文档，了解各部件的功能、接线方式和安装要求。

② 熟悉功能开关的切换逻辑以及接线端子的定义，避免接错线或颠倒顺序等基础错误。

（3）正确选择与使用材料。

① 选择质量可靠的电源线、焊锡和其他关键部件，确保它们符合设备的规格要求。

② 避免使用不合格或已损坏的部件，以免对设备的性能和稳定性造成影响。

（4）注意接线与安装。

① 接线时应按照设备说明书或接线图进行，确保连接正确、牢固，避免虚接或短路。

② 组装过程中应注意轻拿轻放，避免对设备造成物理损伤。

③ 对于需要固定的部件，应使用合适的紧固件和工具，确保安装牢固、平稳。

（5）调试与测试。

① 在组装完成后，应进行设备的调试和测试，确保各项功能正常运行。

② 根据实际需求设定正确的控制模式，调整灵敏度和反应迟缓度，以达到最佳工作效果。

③ 记录各个时间段的测试数据，观察其波动幅度，以判定是否有异常情况出现。

（6）安全与防护。

① 在组装过程中，应严格遵守安全操作规程，避免触电、烫伤等事故发生。

② 对于需要通电测试的部分，应在确保安全的前提下进行操作，避免短路或过载。

③ 对于可能产生高温或辐射的部分，应采取相应的防护措施，保护操作人员的安全。

（7）记录与文档。

① 在组装过程中，应详细记录每一步的操作和测试结果，以便于后续维护和故障排查，详见任务检查表和不合格处理单。

② 组装完成后，应整理相关文档和资料，方便后续使用和管理。

4 任务准备

（1）组装工具和材料：准备智能灯组装所需的工具和材料，如电烙铁、剪钳、螺丝刀、绝缘胶带、连接线等。

（2）安全防护用品：根据组装过程中的安全要求，准备相应的安全防护用品，如静电服、绝缘手套等。

（3）组装图纸和操作手册：获取智能灯的组装图纸和操作手册，以便在组装过程中参考和遵循。

（4）测试和检查设备：准备用于组装完成后进行功能测试和安全性检查的设备及工具，如万用表、绝缘测试仪等。

5 工作计划

以小组讨论的形式进行组内任务分工，发挥小组成员的特长，通过协作完成任务，并完成表 2-2-1。

表 2-2-1 智能灯组装任务分配计划表

类 别	任务名称	负责人	完成时间	工具设备
1				
2				
3				
4				
5				
6				

6　任务实施

智能灯的组装及接线

（1）ZigBee 通信模块焊接：将 ZigBee 模块焊接到电源驱动板上，如图 2-2-2 所示。注意，插针必须插到底，焊接时不可短路或虚焊，否则可能会导致无法通信。

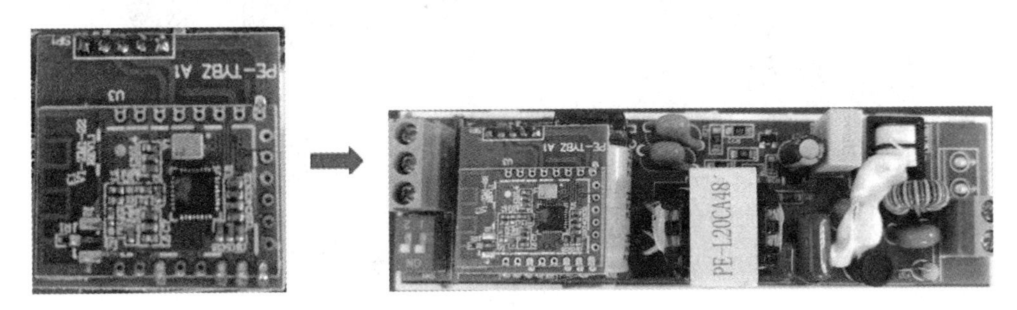

图 2-2-2　ZigBee 通信模块焊接

（2）电源驱动底壳灌胶：将散热胶灌入电源驱动底壳，胶水灌至距离边缘 1mm 左右，不要灌满，如图 2-2-3 所示。注意，灌太满会导致安装电源驱动板的时候胶水溢出。

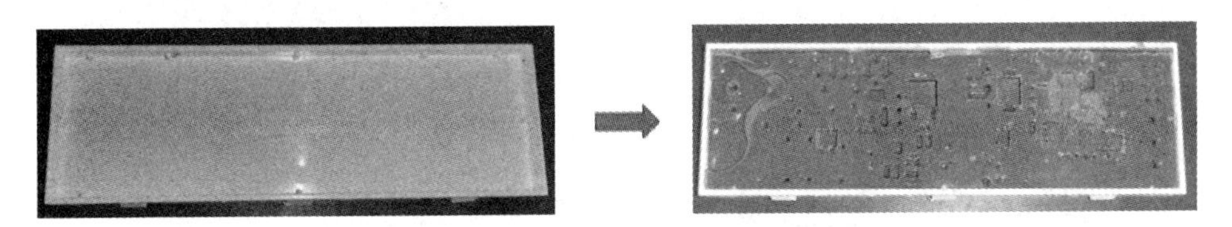

图 2-2-3　电源驱动底壳灌胶

（3）电源驱动板安装：将电源驱动板卡入电源驱动底壳，如图 2-2-4 所示。

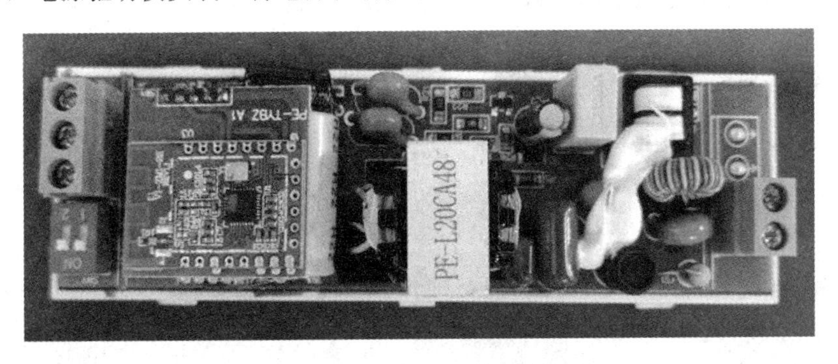

图 2-2-4　电源驱动板安装

（4）电源驱动总装：将上壳标注 L/N 的方向对准电源驱动板 L/N 的接线端子（注意不要装反），卡入电源驱动底座，卡上两边卡扣，如图 2-2-5 所示。

图 2-2-5　电源驱动总装

（5）光源装配。

① 将光源放入光源底座，对准 3 个螺丝孔，拧上螺丝，如图 2-2-6 所示。

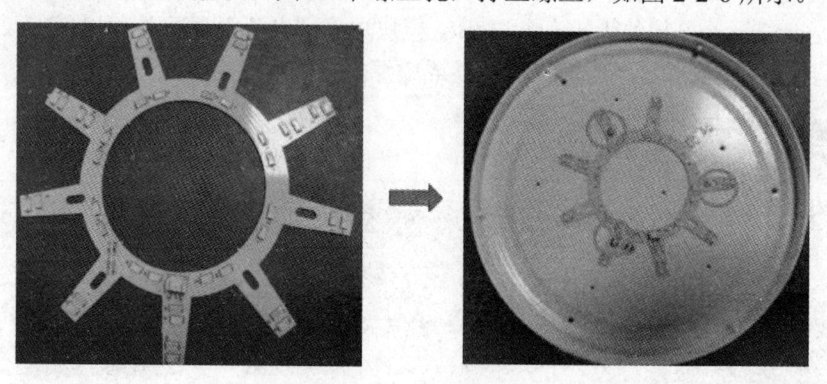

图 2-2-6　拧上螺丝

② 将光源线插到光源板的接线座上，线从底座开孔的地方穿出去，如图 2-2-7 所示。

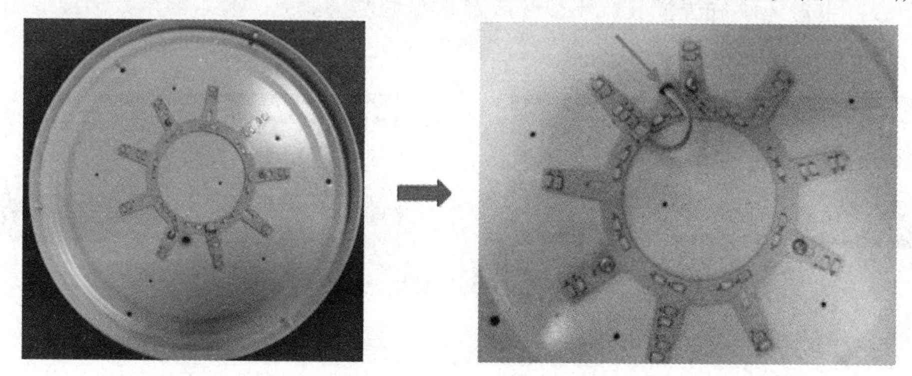

图 2-2-7　穿线

（6）光源总装：将光源上壳凹槽位置与底座凸起位置对准卡入，顺时针旋转到底，如图 2-2-8 所示。注意，组装时上壳应卡到位，防止上壳脱落。

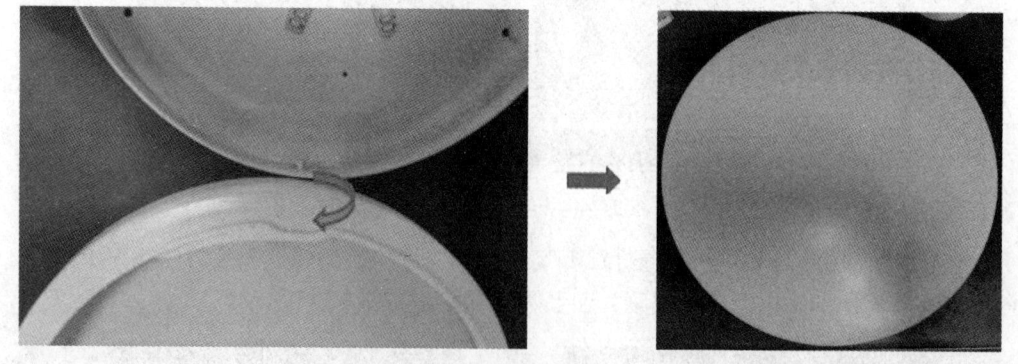

图 2-2-8　光源总装

7　任务检查

检查所有的表格是否填写完毕，所有仪器是否整理到位，将检测过程中出现的问题与培训师进行沟通，并把所获得的结论记录在表 2-2-2 中。

表 2-2-2 智能灯组装任务检查表

类别	检测类型	检查点	是否正常（√）	备注
1	外观检查	对智能灯进行外观检查，确保没有物理损伤、变形或明显的制造缺陷，包括检查智能灯表面是否平整，是否有划痕或凹陷等	□ 是 □ 否	保证产品完整性，避免因受外力撞击导致产品损坏
2	无线连接	接通电源，测试是否能与网关连接	□ 是 □ 否	测试有助于确保驱动器能正常通电，无线连接功能正常
3	电气性能测试	将光源接到驱动器上，测试光源是否能点亮	□ 是 □ 否	此项测试用于确保光源能正常使用
4	校准与验证	用手机控制切换光源色温、亮度时，光源是否能对应变化	□ 是 □ 否	可以确保智能灯设备的功能完整性

将检测中出现的异常现象通过团队讨论给出解决方案，并简要记录在下方。

____

8 任务评价

在表 2-2-3 中自评在团队中的表现。

表 2-2-3 自评

自我评价成绩：____

项目	标准	等级		
		优 5分	良 4分	一般 3分
职业素养	完全遵守实训室管理制度和作息制度			
	积极主动查阅资料，与团队成员沟通、讨论并解决老师布置的问题			
	准时参加团队活动，并为此次活动建言献策			
	能够在团队意见不一致时，用得体的语言提出自己的观点			
	在团队工作中，积极帮助团队其他成员完成任务			
专业知识	认识智能灯的主要构造			
	掌握智能灯核心部件的工作原理			
	掌握智能灯组装过程的安全意识			
	掌握智能灯调试测试的核心要点及方法			
专业技能	学会操控和使用智能灯			
	能够独立进行 ZigBee 通信模块的焊接			
	能够独立完成智能灯的组装工作			
	能够独立完成智能灯的无线连接测试			
	能够独立完成智能灯电气性能测试			
	能够独立完成智能灯的校正与调试			

（1）在项目推进过程中，与团队成员之间的合作是否愉快？原因是什么？

____

____

（2）本任务完成后，认为个人还可以从哪些方面改进，以使后面的任务完成得更好？

____

____

（3）如果团队得分是 10 分，请评价个人在本次任务完成中对团队的贡献度（包括团队合作、课前资料准备、课中积极参与、课后总结等），并打出分数，说明理由。

分数：____________ 理由：____

任务3 故障排查

1 学习目标

（1）能够阐述智能灯的工作原理。

（2）说出每个电路单元或模块在设备中起到的作用。

（3）阐述智能灯在日常使用过程中可能遇到的问题。

（4）运用故障分析技能对使用过程中遇到的故障进行分析排查。

2 任务描述

在智能灯组装及调试的过程中（见图 2-3-1），可能会因为某些原因导致设备出现问题，使智能灯无法正常工作；或者在日常使用过程中，由于所处环境的变化导致设备出现故障。本任务要求学员能利用所学的智能灯的构造和工作原理进行具体问题识别，排查故障并对其进行分析及维修，使设备能正常工作。

图 2-3-1 智能灯应用场景

3 知识储备

1）智能灯组装调试或日常使用过程中常见的故障

（1）上电无反应，无线连接收不到信号。

（2）用 App 开灯灯不亮。

（3）用 App 切换冷光、暖光，实际显色与操控的色温相反。

（4）手机操作时，灯的响应慢。

2）熟练掌握智能灯的工作原理及构造

在做故障排查前，应仔细阅读相关技术文档及说明书，熟悉智能灯的工作原理和构造，掌握各个模块电路的作用。

3）熟悉设备功能及参数设置

（1）产品参数如下。

- 功率：12W。
- 色温范围：2700~6000K。

- 光通量：1000~1200lm。
- 材质：优质金属和亚克力。
- 电压：DC 36V。
- 显色指数：Ra ≥ 90。
- 尺寸：直径 300mm，高度 80mm。

（2）产品特点。

- 双色温调节，色温范围为 2700（暖白光）~6000K（冷白光），能满足不同场景的照明需求。
- 高效节能，采用优质 LED 芯片，具有高亮度、低能耗、长寿命等优点。
- 现代简约设计，适用于家庭、办公室、酒店等各种室内环境。

4）使用安全

在使用过程中，应严格遵守安全操作规程，注意做好防护，避免触电等事故的发生。当出现故障需要拆机排查时，应先断电；个别需要通电检查的故障，应佩戴绝缘手套，穿防静电服。

4 任务准备

（1）故障排查的工具和材料：准备进行智能灯故障排查所需的工具和材料，如万用表、剪钳、螺丝刀、电笔、绝缘胶带、连接线等。

（2）安全防护用品：根据安全防护要求，准备相应的安全防护用品，如静电服、绝缘手套等。

（3）技术文档和使用说明书：获取智能灯的工作原理、设备的构造说明和操作手册，以便在排查故障过程中参考和遵循。

5 工作计划

以小组讨论的形式进行组内任务分工，发挥小组成员的特长，通过协作完成任务，并完成表 2-3-1。

表 2-3-1 智能灯故障排查任务计划分配表

类 别	任务名称	负责人	完成时间	工具设备
1				
2				
3				
4				
5				
6				

6　任务实施

（1）上电无反应，无线连接收不到信号。故障分析：

① 输入电源线没接好或松动。

② ZigBee 模块虚焊或短路。

③ 电源驱动板损坏。

（2）用 App 开灯灯不亮。故障分析：

① 光源连接线接错或松动。

② 光源损坏。

③ 电源驱动板损坏无输出。

（3）用 App 切换冷光、暖光，实际显色与操控的色温相反。故障分析：光源连接线冷光、暖光线接反。

（4）手机操作时，灯的响应慢。故障分析：网络信号不好。

7　任务检查

检查所有的表格是否填写完毕，所有仪器是否整理到位，将检测过程中出现的问题与培训师进行沟通，并把所获得的结论记录在表 2-3-2 中。

表 2-3-2　智能灯故障排查任务检查表

类 别	检测类型	检查点	是否正常（√）	备 注
1	外观检查	对光源、电源驱动器进行外观检查，确保没有物理损伤、变形或明显的制造缺陷；检查显示屏是否破裂	□ 是 □ 否	此检查用于判断是否因外力撞击导致设备故障
2	工作原理	根据所学知识，掌握电源驱动器的控制原理	□ 是 □ 否	测试有助于熟练掌握智能灯的控制原理
3	无线连接	将智能灯与网关进行配网，用手机 App 查看是否配网成功	□ 是 □ 否	此项测试有助于确保其他测试项目继续进行
4	校正与调试	在配网成功的前提下，对智能灯进行开关、色温调节，观察灯是否能正确变化	□ 是 □ 否	测试智能灯的工作性能

将检测中出现的异常现象通过团队讨论给出解决方案，并简要记录在下方。

____

____

8 任务评价

在表 2-3-3 中自评在团队中的表现。

表 2-3-3 自评

自我评价成绩：____

项 目	标 准	等 级		
		优 5 分	良 4 分	一般 3 分
职业素养	完全遵守实训室管理制度和作息制度			
	积极主动查阅资料，与团队成员沟通、讨论并解决老师布置的问题			
	准时参加团队活动，并为此次活动建言献策			
	能够在团队意见不一致时，用得体的语言提出自己的观点			
	在团队工作中，积极帮助团队其他成员完成任务			
专业知识	认识智能灯的核心部件			
	掌握智能灯核心部件的工作原理			
	掌握智能灯测试过程的安全意识			
	掌握智能灯调试测试的核心要点及方法			
专业技能	学会使用智能灯及操控设备运行			
	能够独立发现智能灯故障及排查故障			
	能够独立完成智能灯的正确接线			
	能够独立完成智能灯故障原因的分析			
	能够独立使用工具检测智能灯故障问题			
	能够独立完成智能灯的校正与调试			

（1）在项目推进过程中，与团队成员之间的合作是否愉快？原因是什么？

____

____

（2）本任务完成后，认为个人还可以从哪些方面改进，以使后面的任务完成得更好？

____

____

（3）如果团队得分是 10 分，请评价个人在本次任务完成中对团队的贡献度（包括团队合作、课前资料准备、课中积极参与、课后总结等），并打出分数，说明理由。

分数：__________ 理由：______________________________

任务4 部件维修与调试

1 学习目标

（1）描述智能灯的构造、工作原理、使用及调试。
（2）够应用故障排查分析方法进行故障分析及处理。
（3）能够应用维修技巧及检测工具。
（4）能够应用焊接技巧并掌握焊接工艺对电路的影响。

2 任务描述

本任务要求学员熟练掌握智能灯的构造和工作原理，能够快速精准地识别智能灯在使用及调试过程中出现的故障并能分析故障。学员需熟悉检测维修设备所需的工具、材料，在确保安全的情况下对设备进行检测及维修。

3 知识准备

1）智能灯的主要模块和组件

智能灯的主要模块为光源、电源驱动器、外壳等，其中电源驱动器包含电源管理、控制、光电转换、通信接口等组件。以下是各组件在电路中的作用。

（1）电源管理模块：确保系统在不同电源条件下稳定运行。
① AC-DC 转换器：将交流电转换为直流电。
② DC-DC 转换器：用于电压调节和稳定，并给通信模块供电。
③ 电源输入接口：适配不同电源输入，如 110V、220V 等。

（2）控制模块：管理灯光的开关、亮度和色温调节，并处理通信。
① MCU：负责灯光控制和通信管理。
② PWM 控制器：用于调节 LED 亮度和色温。

（3）LED 驱动模块：驱动 LED 灯珠并调节色温。
① 恒流驱动器：确保 LED 灯珠恒流驱动。
② 色温调节电路：用于调节不同色温的 LED 灯珠。

（4）通信接口模块：实现与其他智能家居设备和用户的通信，支持远程控制。
ZigBee 模块：用于与其他智能家居设备的通信。

（5）用户界面模块：为用户提供驱动输出功率设置。
拨码器：用于设置电流大小，以便匹配不同功率的灯珠。

（6）安全保护模块：防止因电路过载导致其他电路损坏。
① 过流保护电路：防止过流损坏。
② 过压保护电路：防止电压异常。

（7）散热模块：确保系统在运行中有效散热，延长设备寿命。
散热硅胶：底部灌胶，增强散热效果。

（8）外壳：保护内部组件，确保灯具的安全性和外观。
① 灯具外壳：提供防尘、防水保护，确保灯具安全和美观。

② 安装支架：用于固定吸顶灯。

③ 驱动器外壳：提供防尘，安全保护。

（9）连接和安装组件：确保系统的牢固安装和可靠连接。

2）接线

在外部电源断电的情况下，将火线和零线分别接到电源驱动器的 L 和 N 接线端，光源的“+”接驱动器的“LED+”，光源的“A-”和“B-”分别接到驱动器的“LED-C”和“LED-W”，如图 2-4-1 所示。接线前请务必详细阅读接线方法，避免不必要的故障发生。

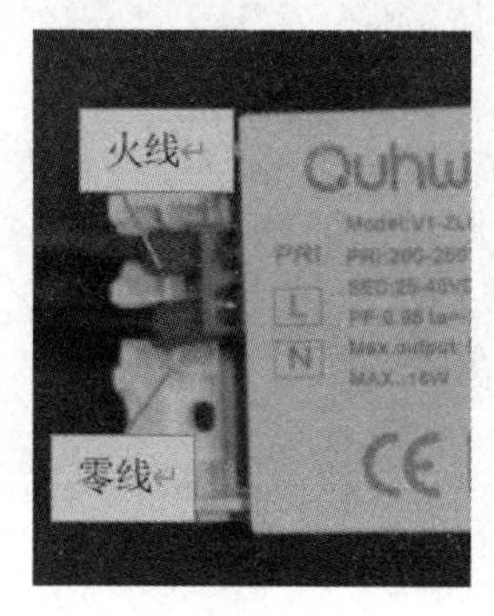

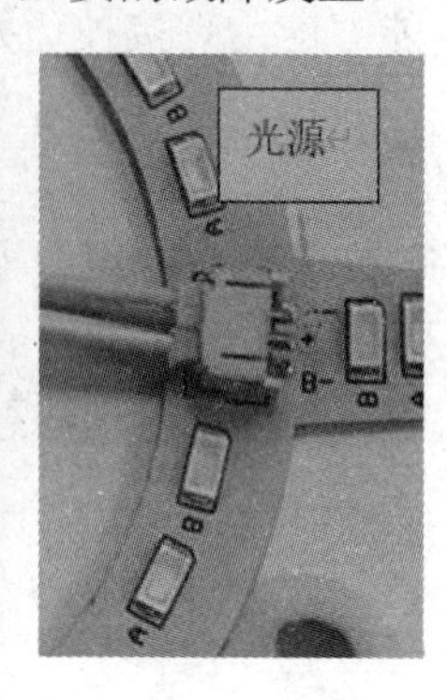

图 2-4-1　接线

3）测试和焊接环境

（1）测试一般在常温环境下进行，避免在潮湿环境下测试。测试结果与其他完好的元件对比即可。

（2）焊接时，不同的电路板材料、元器件要求的温度不同，因此需要控制合适的温度，温度过高或过低都会影响焊接的质量。一般来说，电烙铁焊接电路板需要的适宜温度为 250℃ ~300℃。

4）元件及材料的选择

（1）选择可靠的元件和电路模块，如经过检测的光源、无线通信模块、电源驱动板等，确保更换完之后能正常使用。

（2）选择表面光亮无氧化的无铅焊锡，以免造成焊接困难，影响电路性能。

5）注意事项

（1）焊接完后，应确保电路板上整洁干净、无灰尘、无锡渣残留，以免影响电路板性能。

（2）电烙铁使用后，应在烙铁头上留一部分锡，避免烙铁头因长时间没有使用导致氧化不吃锡。电烙铁用完应及时关闭开关或拔掉电源，防止不小心烫伤。

（3）拆下来的元件应单独放置，避免与正常的元件混放。

6）安全与防护

（1）在检测及焊接过程中，应严格遵守安全操作规程，避免触电、烫伤等事故发生。

（2）对于需要通电测试的部分，应在确保安全的前提下进行操作，避免短路或过载。

（3）对于可能产生高温的部分，应采取相应的防护措施，保护操作人员的安全。

（4）在安装、移动、清洁或检修智能灯前，注意断开外部电源。

（5）在安装智能灯前，详细阅读使用说明书。

（6）所有接线必须符合国家标准。

（7）严格按照说明书使用智能灯。

7）记录与文档

（1）在维修过程中，应详细记录每一步的操作和测试结果，以便于后续维护和故障排查，如表 2-4-1 所示。

表 2-4-1　问题记录表

<table>
<tr><td colspan="4">问题记录表</td></tr>
<tr><td>名　称</td><td colspan="2"></td><td>型　号</td><td></td></tr>
<tr><td>报修人员</td><td></td><td>报修日期</td><td colspan="2"></td></tr>
<tr><td>故障描述</td><td colspan="4"></td></tr>
<tr><td>具体原因</td><td colspan="4"></td></tr>
<tr><td colspan="5">维修情况
（以下相关内容需填写）</td></tr>
<tr><td>维修人员</td><td></td><td>维修日期</td><td colspan="2"></td></tr>
<tr><td>故障分析</td><td colspan="4"></td></tr>
<tr><td>解决方案</td><td colspan="4"></td></tr>
<tr><td>更换配件</td><td colspan="4"></td></tr>
<tr><td>功能测试</td><td colspan="4"></td></tr>
</table>

（2）维修完成后，应该根据 5S 管理要求整理相关工具和材料，方便后续使用和管理。

4 任务准备

（1）准备工具及材料：维修前准备好电烙铁、螺丝刀、斜口钳、镊子、万用表等工具，准备焊接材料（无铅焊锡）以及质量可靠的组件和电路模块。

（2）安全防护用品：根据测试及焊接需求，准备相应的安全防护用品，如绝缘手套、静电服等。

（3）维修手册和调试说明书：获取维修手册和调试说明书，以便在维修过程中参考和遵循。

5 工作计划

以小组讨论的形式进行组内任务分工，发挥小组成员的特长，通过协作完成任务，并完成表 2-4-2。

表 2-4-2 智能灯部件维修与调试任务分配计划表

类 别	任务名称	负责人	完成时间	工具设备
1				
2				
3				
4				
5				
6				

6 任务实施

（1）上电无反应，无线连接收不到信号。解决方案：

① 检查电源驱动器输入电源线有无破损，接线是否正确，是否松动。

② 检查 ZigBee 模块是否虚焊或短路，若虚焊或短路则用电烙铁补焊或断路。

③ 更换电源驱动板。

（2）用 App 开灯灯不亮。解决方案：

① 检查光源连接线有没有接错或松动等情况，要求按照正确的接线方式接线，确保光源线无虚接。

② 用一个合格的光源接到电源驱动器上，观察光源是否会亮，以此来判断是否因为光源损坏造成光源不亮。

③ 在开灯状态下，用万用表测试电源驱动板对应色温的输出端口，观察电压输出是否正常（冷光 LED+ 与 LED-C 之间的电压为 36V，暖光 LED+ 与 LED-W 之间的电压为 36V）。若无输出电压或输出的电压太小，无法启动光源，则电源驱动板损坏，需要更换电源驱动板。

（3）用 App 切换冷光、暖光，实际显色与操控的色温相反。解决方案：光源连接中冷光线和暖光线接反了。

（4）手机操作时，灯的响应慢。解决方案：无线信号差，可将网关移至无遮挡的地方或靠近光源的位置。

7 任务检查

检查所有的表格是否填写完毕，所有仪器是否整理到位，将检测过程中出现的问题与培训师进行沟通，并把所获得的结论记录在表 2-4-3 中。

表 2-4-3 智能灯部件维修与调试任务检查表

类 别	检测类型	检查点	是否正常（√）	备 注
1	接线	对智能灯进行接线并通电，测试是否能正常开关及调节色温	□ 是 □ 否	确保接线正确，排除因接线问题导致的故障
2	性能测试和调试	用手机 App 调节智能灯的色温（冷光、暖光）和灯光的亮度	□ 是 □ 否	此测试主要确保无线控制及灯光调节功能正常工作
3	故障维修	当出现故障时，能对故障进行具体分析，精准定位故障部位，或对故障部件进行维修更换	□ 是 □ 否	此项测试有助于巩固智能灯的构造及工作原理等知识，掌握维修技能

将检测中出现的异常现象通过团队讨论给出解决方案，并简要记录在下方。

____

____

____

____

8 任务评价

在表 2-4-4 中自评在团队中的表现。

表 2-4-4　自评

自我评价成绩：____

项目	标准	等级		
		优 5分	良 4分	一般 3分
职业素养	完全遵守实训室管理制度和作息制度			
	积极主动查阅资料，与团队成员沟通、讨论并解决老师布置的问题			
	准时参加团队活动，并为此次活动建言献策			
	能够在团队意见不一致时，用得体的语言提出自己的观点			
	在团队工作中，积极帮助团队其他成员完成任务			
专业知识	认识智能灯的核心组件及作用			
	掌握智能灯核心部件的工作原理			
	掌握智能灯的维修方法			
	掌握智能灯调试测试的核心要点及方法			
专业技能	学会使用手机 App 操控智能灯开关、色温调节等功能			
	能够独立完成智能灯接线			
	能够独立排查智能灯故障			
	能够使用检测工具独立检测智能灯故障			
	能够独立完成对智能灯故障原因的分析并进行维修			

（1）在项目推进过程中，与团队成员之间的合作是否愉快？原因是什么？

____

____

（2）本任务完成后，认为个人还可以从哪些方面改进，以使后面的任务完成得更好？

____

____

（3）如果团队得分是 10 分，请评价个人在本次任务完成中对团队的贡献度（包括团队合作、课前资料准备、课中积极参与、课后总结等），并打出分数，说明理由。

分数：__________ 理由：________________________________

项目3

智控窗帘的应用与维护

任务 1 构造与应用

1 学习目标

（1）能够阐述智控窗帘的概念和优点及智控窗帘的分类。
（2）能够识别智控窗帘的基本构造，熟悉各部分在系统中的作用及相互关联。
（3）掌握智控窗帘的工作原理和应用技术。
（4）说出智控窗帘的应用场景及未来发展趋势。

2 任务描述

本任务要求学员分组搜集关于智控窗帘的资料，包括基本概念、发展历程、应用场景、市场现状，结合老师的讲解，通过实物观察，了解智控窗帘的构造、工作原理及应用技术，并分组讨论智控窗帘相比传统窗帘的优势，同时准备简短报告进行分享。在老师的指导下进行学习总结和评价。

3 知识储备

1）什么是智控窗帘

智控窗帘也称为电动窗帘，是一种集成智能化控制技术的窗帘系统，可以通过用户设置、遥控等方式实现自动化操作，为用户提供更加舒适、方便、安全的家居生活，是现代智能家居的必备设备之一，如图 3-1-1 所示。

图 3-1-1 智控窗帘

2）智控窗帘的分类

智控窗帘分为全自动窗帘和半自动窗帘，其中全自动窗帘的感应基础是日照光线和温度，在设定的光线和温度下自动开启窗帘和关闭窗帘；半自动窗帘的操作是不需要走到窗边手动拉窗帘，只需要通过手持遥控设备操作即可，这种设备可以是智能手机，也可以是类似电视遥控器的设备。

智控窗帘的操作方式非常灵活，既可以手动控制拉窗帘，也可以通过遥控器、手机 App 或者按钮来控制窗帘开合，能够满足用户多种需求，便捷高效。通过遥控器上的群控功能键，可以实现同时控制多个窗帘，即使躺在床上休息不下床也可以控制窗帘闭合。智控窗帘使用时不会产生较大的噪音，它的自动开合运行比较顺畅，很适合安装在会议室，对一些追求安静环境的人来说是一种很好的选择。

智控窗帘不仅仅有遮光挡阳的作用，还具有隔音、隔热、利用光线等多种功能。智控窗帘的适用范围非常广泛，客厅、餐厅、书房、卧室、办公室等地方都可以使用，而且在别墅、会议室这种较为高档的地方，安装智控窗帘会显得非常有格调。

3）智控窗帘的优点

相比传统的手动窗帘，智控窗帘具有以下几个优点。

（1）方便快捷：通过遥控或智能家居系统，可以随时随地控制窗帘的开合，无需人工干预。

（2）高效省力：不需要手动拉窗帘，智控窗帘可以通过电机自动完成开合动作，节省了时间和体力。

（3）美观舒适：智控窗帘的美观度高，同时可以根据需要调节窗帘的遮光性和隔音性，提高了室内舒适度。

（4）安全可靠：智控窗帘可以通过控制系统实现自动保护功能，如遇到障碍物会自动停止运行，保证了使用的安全性。

4）智控窗帘的构造及各配件在系统中的作用

智控窗帘的组成结构包括电机驱动系统、控制器、传感器和配件四个部分，它们共同构成了智控窗帘的基本框架，并实现了窗帘的自动化控制和智能化运动，如图 3-1-2 所示。

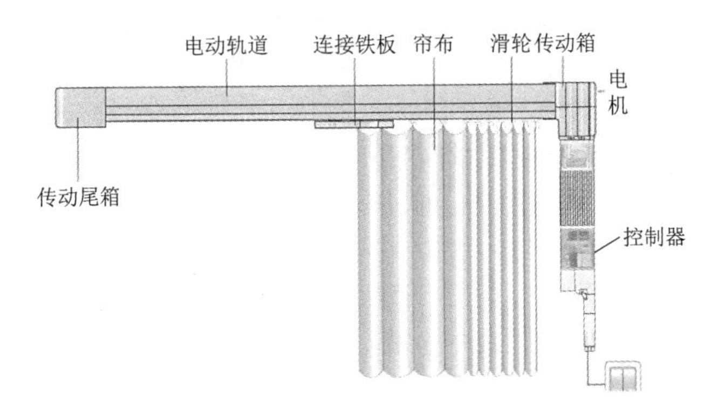

图 3-1-2 智控窗帘的组成结构

（1）电机驱动系统：智控窗帘的电机驱动系统是其最基本的组成部分，如图3-1-3所示。该系统由电机、减速器、传动机构、轴承、限位开关等组成，能够实现窗帘的升降、开合、停止等自动化操作。其中，电机通常采用交流或直流电机，具有低噪音、低功耗、高效率等特点；减速器能够降低电机的转速，提高扭矩；传动机构则是将电机和减速器的输出转换为线性运动，实现窗帘的运动。

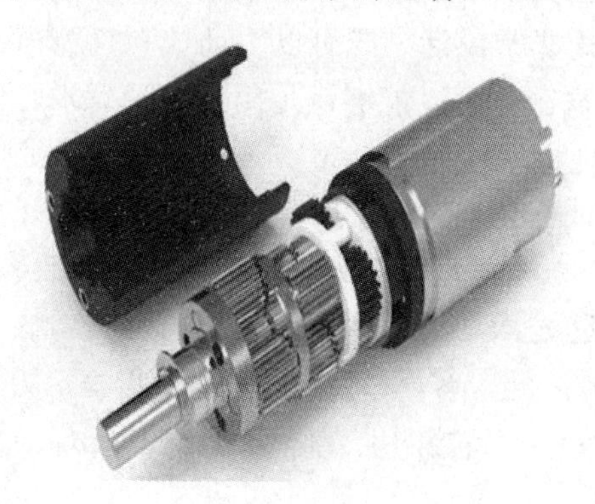

图3-1-3　电机驱动系统

（2）控制器：智控窗帘的控制器是其智能化的关键部件。该系统由单片机、存储器、通信芯片等组成，能够实现窗帘的自动化控制、定时控制、遥控控制、手动控制等功能。其中，单片机是智控窗帘控制器的核心部件，能够对传感器、电机、开关等信息进行处理，实现电机的启动、停止、升降、开合等操作。

（3）传感器：智控窗帘的传感器是其智能化的关键器件。该系统可以通过光照、温度、湿度等传感器获取环境信息，通过控制器处理信息，并根据用户设置的参数进行窗帘的自动化操作。其中，光照传感器能够实现光照强度的检测，从而判断窗帘的升降状态；温度传感器能够测量室内温度，适时升降窗帘实现节能效果；湿度传感器能够检测室内湿度，适时升降窗帘实现调节湿度的目的。

（4）配件：智控窗帘的配件是其结构上的辅助部件。该系统包括窗帘轨道、窗帘齿轮、窗帘挂钩、窗帘绳索等，能够保障窗帘的稳定性、耐久性和美观性。其中，窗帘轨道是窗帘升降的支撑框架，它的结构和质量决定了窗帘的使用寿命和性能。窗帘齿轮是窗帘升降的动力来源，能够提供恰当的扭矩和速度，保证窗帘升降的平稳和安全。窗帘挂钩是窗帘与轨道的连接器，能够实现窗帘的开合和升降，保证窗帘的运动顺畅。窗帘绳索是窗帘运动的传输工具，能够将电机驱动系统的输出转换为窗帘的运动。

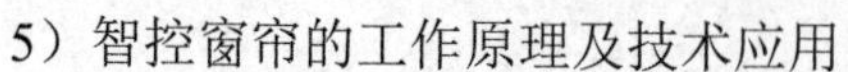

5）智控窗帘的工作原理及技术应用

智能窗帘的工作原理

智控窗帘的主要工作原理是：通过一个电机来带动窗帘沿着轨道来回运动，或者通过一套机械装置转动百叶窗，并控制电机的正反转。其中的核心就是电机，现在市场上电机的品牌和种类很多，主要有两大类：交流电机和直流电机。智控窗帘是带有一定自我反应、调节、控制功能的窗帘，如根据室内环境状况自动调节光线强度、空气湿度、平衡室温等，有智能光控、智能雨控、智能风控三大突出的特点。它通过一个电机来带动窗帘沿着轨道来回运动，这是通过控制电机的正反转来实现的，其中的核心是直流电机。

智控窗帘可以调节室内的自然光照，影响室内温度，还能起到保护隐私的作用。窗帘智能化以后，便可以用手机App通过产品云进行调控。不同类型的窗帘具有不同的遮光效果，如纱帘可以保持高效的透光率，百叶帘通过角度的调节可以控制进光率。窗帘的智能化不但省去了拉窗帘的人工操作，还可以创造更多的应用情景。例如中午打开电视时，考虑到阳光照射的问题，客厅的窗帘会自动调节以减少光照。还可以综合考虑时间、季节、城市地理位置、天气等因素，实现窗帘的自动控制。例如夏天时，合理地调控窗帘能避免室内温度过高，减少制冷的能源消耗；冬天时，可以尽量增加室内光照量，以降低取暖的能耗。

智控窗帘的操作方式很简单，只要在其中设置好智控窗帘的开关时间。例如清晨时分，主人家的窗帘就会自动打开，到了傍晚窗帘又会自动关闭，这样的操作并不需要反复设置，因为智控窗帘有记忆功能。

智控窗帘产品运用智能电机设备，通过各类通信协议兼容智能家居系统，对不同品类的窗帘进行多元化控制并依靠云平台、大数据和人工智能技术，实现对智控窗帘设备的精细化管控，如图3-1-4所示。

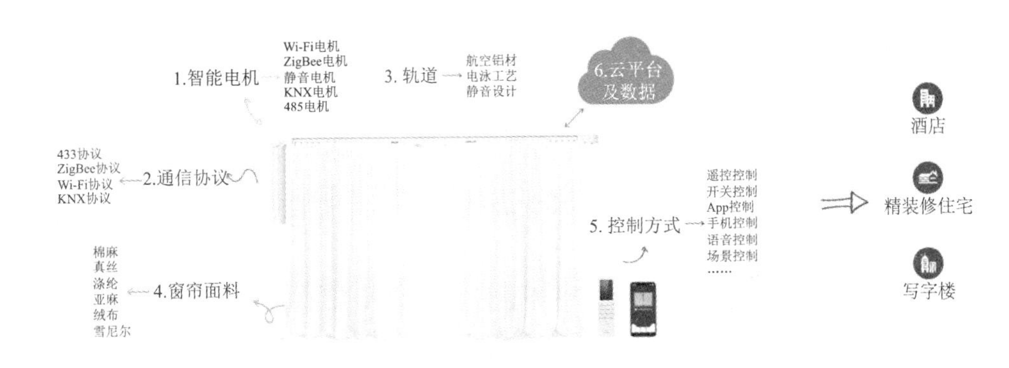

图3-1-4　智控窗帘组成图

智控窗帘常用技术如下。

（1）传感器感知：智控窗帘通常配备了光强传感器或温度传感器等，以感知环境中的光照强度或温度变化。

（2）数据处理：传感器采集到的数据通过智控窗帘内部的微处理器进行处理，并与预设的设定值进行比较。

（3）决策执行：根据比较结果，智控窗帘的控制系统决定窗帘的打开或关闭状态。如果光照强度过高或温度过高，系统可能关闭窗帘以保持室内舒适。

（4）执行操作：控制系统通过驱动装置控制窗帘的打开或关闭。驱动装置可以是电机或其他类型的装置，根据设计不同可能采用不同的电压或信号控制方式。

（5）连接网络：智控窗帘通常具备与智能家居系统相连的功能，可以通过无线通信技术（如Wi-Fi、蓝牙、ZigBee等）与智能手机、智能音箱等设备进行远程控制。

需要注意的是，不同的智控窗帘可能采用不同的传感器、控制系统和驱动装置，工作原理可能会略有差异，但基本的原理和步骤大致相似。

智能窗帘的应用

6）智控窗帘的应用场景

智控窗帘不仅可以作为家居饰品，还可以应用于多种不同的场景。以下是几个典型的应用场景。

（1）家庭：智控窗帘可以根据不同的时间和光线条件自动打开或关闭，为家庭成员提供更加舒适的居住环境。例如，在早晨自动打开窗帘，让自然光线进入室内，营造温馨的起床氛围；在夜晚或需要休息时自动关闭窗帘，保护家庭成员的隐私和安全。

（2）办公场所：办公场所的光线强度与时间有关，在白天需要尽量利用自然光线，以便节省能源；而晚上则需要人工照明来提高光线强度。智控窗帘可以自动感知室内光线强度，并在需要时自动开合，以便最大限度地利用光线资源。

（3）医院病房：医院病房的气氛需要舒适、安静和温馨，而智控窗帘可以调节室内的光线和温度，以保持这种氛围。它可以自动感知病人的需要，比如在病人需要休息时自动关闭窗帘，以便提供更好的睡眠环境。

（4）酒店客房：酒店客房需要提供一种舒适和温馨的感觉，而智控窗帘可以通过自动调节窗帘的开合和光线进出，来满足客人的要求。它可以根据客人的需求，以定时开关、遥控开关或手动开合等方式，为客人提供更加舒适的入住体验。

（5）公共建筑：智控窗帘在学校、养老院等公共建筑中的应用也日益广泛。它们可以与智能系统联动，为不同类型场所的智能化需求提供相应的解决方案，提高能效、降低能耗和运营成本，打造舒适的公共空间。

7）智控窗帘的未来发展趋势

随着智能科技和人工智能技术的不断发展，智控窗帘的未来还有很多发展空间。以下是智控窗帘的未来趋势。

（1）人工智能化：智控窗帘将会融合更多的人工智能技术，比如语音识别、视觉识别等，以便更加便捷地操控窗帘。

（2）可穿戴化：智控窗帘可以与可穿戴设备相结合，以实现更加智能化的控制方案。

（3）可视化：智控窗帘可以与虚拟现实、增强现实等技术相结合，以便提供更加个性化的控制体验。

总之，智控窗帘作为一种家居饰品，已经逐渐成为人们生活中不可或缺的一部分。随着科技的不断进步，智控窗帘将会呈现出越来越多的可能性和变化。

4 任务准备

（1）实物：准备一套智控窗帘设备，根据实物加深对智控窗帘内部构造的理解。

（2）相关资料：准备一些智能家居相关资料，学习智控窗帘在智能家居领域中的应用。

（3）产品说明书：根据说明书学习智控窗帘的基本功能和使用方法。

5 工作计划

以小组内同学相互提问测试的形式进行组内任务分工，发挥小组成员的特长，通过协作完成任务，并完成表 3-1-1。

表 3-1-1　智控窗帘构造与应用任务分配计划表

类 别	任务名称	负责人	完成时间	工具设备
1				
2				
3				
4				
5				
6				

6　任务实施

（1）描述智控窗帘的结构组成。

（2）智控窗帘中应用了哪些传感器？它们的工作原理是什么？

（3）智控窗帘的工作原理是什么？

（4）智控窗帘有哪些应用场景？

7　任务检查

检查所有的表格是否填写完毕，所有仪器是否整理到位，将检测过程中出现的问题与培训师进行沟通，并把所获得的结论记录在表 3-1-2 中。

表 3-1-2　智控窗帘构造与应用任务检查表

类 别	检测类型	检查点	是否掌握（√）	备 注
1	概念和分类	能够说出智控窗帘的概念和分类	□ 是 □ 否	
2	工作原理和应用技术	对智控窗帘的工作原理进行互相提问，测试是否掌握所应用的技术知识	□ 是 □ 否	有助于加深对智控窗帘工作原理的理解
3	基本构造	能指出实际产品中各个构造单元的名称，并分别说出它们的作用	□ 是 □ 否	此项用于检查对智控窗帘构造的掌握程度，以及在使用过程中出现问题后能否及时排查故障
4	应用场景及未来发展	了解智控窗帘的应用场景，能说出智控窗帘在不同应用场景中的作用，并且预测未来领域走向	□ 是 □ 否	

将检测中出现的异常现象通过团队讨论给出解决方案，并简要记录在下方。

____

____

8 任务评价

在表 3-1-3 中自评在团队中的表现。

表 3-1-3 自评

自我评价成绩：____

项 目	标 准	等 级		
		优 5 分	良 4 分	一般 3 分
职业素养	完全遵守实训室管理制度和作息制度			
	积极主动查阅资料，与团队成员沟通、讨论并解决老师布置的问题			
	准时参加团队活动，并为此次活动建言献策			
	能够在团队意见不一致时，用得体的语言提出自己的观点			
	在团队工作协作中，积极帮助团队其他成员完成任务			
专业知识	认识智控窗帘的基本概念、分类和优点			
	掌握智控窗帘的工作原理及应用技术			
	了解智控窗帘的应用场景和未来发展			
	掌握智控窗帘的基本构造及各组成部分的作用			
专业技能	学会智控窗帘的分类和相较传统窗帘的优势			
	能够独立讲述智控窗帘的基本构造及内部各单元的作用			
	能够独立讲解智控窗帘的工作原理，以及使用哪些控制技术来控制窗帘工作			
	能够独立叙述智控窗帘的应用场景及用途			

（1）在项目推进过程中，与团队成员之间的合作是否愉快？原因是什么？

____

（2）本任务完成后，认为个人还可以从哪些方面改进，以使后面的任务完成得更好？

____

（3）如果团队得分是 10 分，请评价个人在本次任务完成中对团队的贡献度（包括团队合作、课前资料准备、课中积极参与、课后总结等），并打出分数，说明理由。

分数：__________ 理由：______________________________

任务2　产品组装

1　学习目标

（1）阐述智控窗帘电机基本组成及工作原理，能够理解各部件的功能及相互关联。

（2）能够应用智控窗帘电机组装技巧，按照标准操作流程和安全规范进行组装。

（3）具备分析问题和解决问题的能力，能够分析组装过程中的常见故障并采取相应的解决措施。

（4）具备团队协作能力，能够在任务执行过程中相互支持。

2　任务描述

本任务要求学员在了解智控窗帘电机的构造和工作原理的基础上，按照规定的步骤和方法完成智控窗帘电机的组装。学员需熟悉设备组装所需的工具、材料和安全操作规程，确保组装过程顺利进行，并对组装完成的设备进行基本的功能测试和安全性检查。

3　知识准备

智能窗帘电机的构造

1）智控窗帘电机的基本构成

智控窗帘电机主要由电机、传感器、控制模块、通信模块、电源模块及外壳等部件组成，如图3-2-1所示。

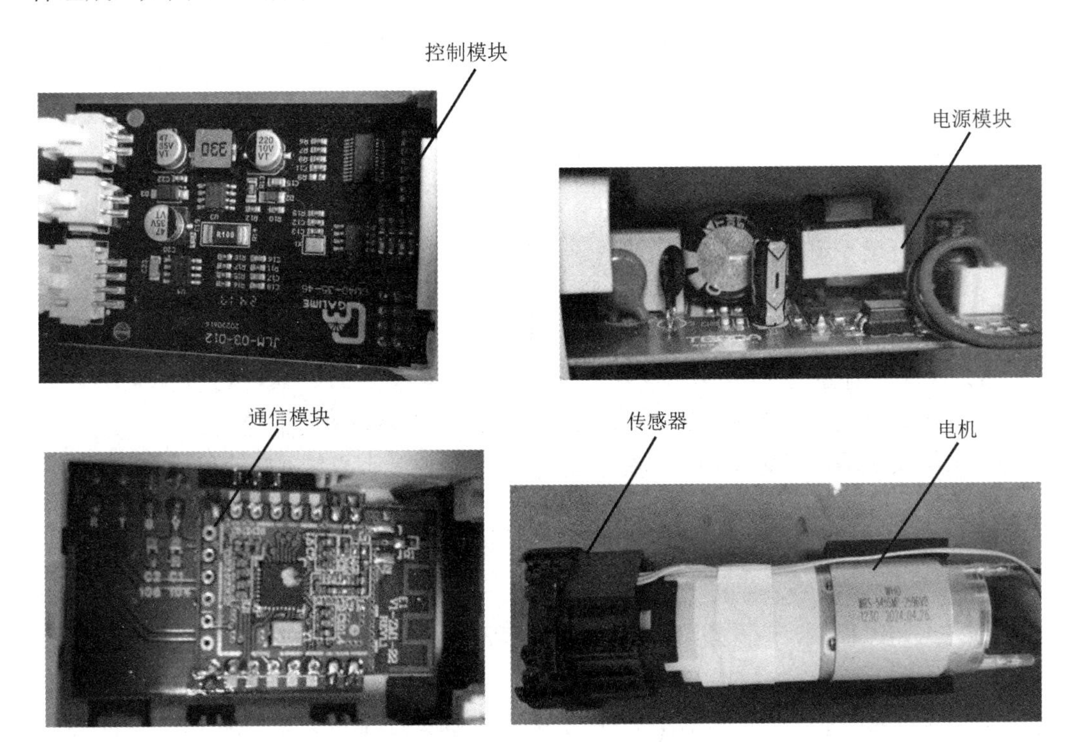

图3-2-1　智控窗帘电机的基本构成

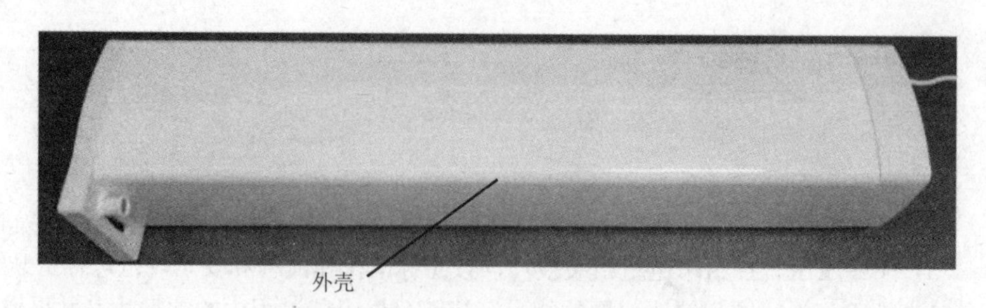

图 3-2-1　智控窗帘电机的基本构成（续）

2）核心部件的作用和工作原理

____

____

3）组装流程和规范

学习智控窗帘电机组装的标准操作流程，包括组装顺序、连接方法等，并了解相关的安全规范和注意事项。

（1）工作环境与散热。

① 确保组装环境温度在设备规定的工作范围内，避免高温或低温对设备性能产生影响。

② 保持工作区域空气流通，以便于散热，防止设备过热导致性能下降或损坏。

（2）熟悉设备结构与功能。

在组装前，应详细阅读设备的使用说明和技术文档，了解各部件的功能和安装要求。

（3）正确选择与使用材料。

① 选择质量可靠的控制模块、电机、电源模块、传感器和其他关键部件，确保它们符合设备的规格要求。

② 避免使用不合格或已损坏的部件，以免对设备的性能和稳定性造成影响。

（4）注意焊接与安装。

① 焊接时应按照设备说明书或接线图进行，确保连接正确、牢固，避免虚接或短路。

② 焊接温度不可过高，正常在 250℃ ~300℃；焊接时间不宜过长，每次控制在 3s 内。

③ 组装过程中应注意轻拿轻放，避免对设备造成物理损伤。

④ 对于需要固定的部件，应使用合适的紧固件和工具，确保安装牢固、平稳。

（5）调试与测试。

① 在组装完成后，应进行设备的调试和测试，确保各项功能正常运行。

② 根据实际需求设定正确的控制模式（如正 / 反转），调整灵敏度和反应迟缓度，以达到最佳工作效果。

③ 记录各个时间段的测试数据，观察其波动幅度，以判定是否有异常情况出现。

（6）安全与防护。

① 在组装过程中，应严格遵守安全操作规程，避免触电、烫伤等事故发生。

② 对于需要通电测试的部分，应在确保安全的前提下进行操作，避免短路或过载。

③ 对于可能产生高温或辐射的部分，应采取相应的防护措施，保护操作人员的安全。

（7）记录与文档。

① 在组装过程中，应详细记录每一步的操作和测试结果，以便于后续维护和故障排查。

② 组装完成后，应整理相关文档和资料，方便后续使用和管理。

4　任务准备

（1）组装工具和材料：准备进行智控窗帘电机组装所需的工具和材料，如电烙铁、无铅焊锡、剪钳、螺丝刀等。

（2）安全防护用品：根据组装过程中的安全要求，准备相应的安全防护用品，如静电服、静电手环等。

（3）组装图纸和操作手册：获取窗帘电机的组装图纸和操作手册，以便在组装过程中参考和遵循。

（4）测试和检查设备：准备用于组装完成后进行功能测试和安全性检查的设备和工具，如万用表等。

5　工作计划

以小组讨论的形式进行组内任务分工，发挥小组成员的特长，通过协作完成任务，并完成表 3-2-1。

表 3-2-1　智控窗帘电机组装任务分配计划表

类　别	任务名称	负责人	完成时间	工具设备
1				
2				
3				
4				
5				
6				

6　任务实施

以小组为单位，根据任务角色，通过协作参照组装流程对产品部件进行组装。

（1）电机转轴安装：将电机转轴放入电机转轴孔内，如图 3-2-2 所示。

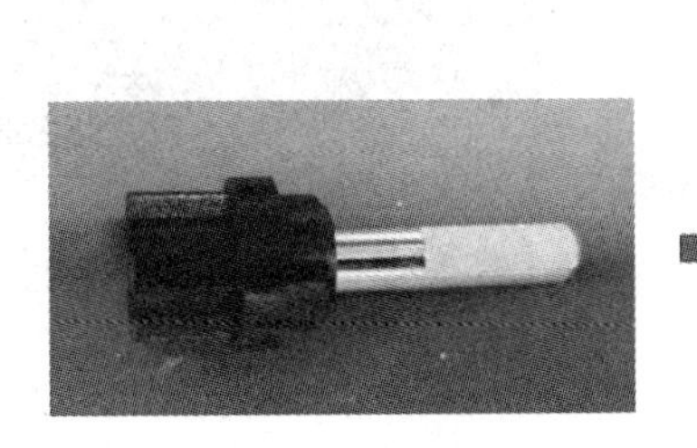

智能窗帘电机的组装

图 3-2-2　电机转轴安装

（2）电机支架安装：将电机放入支架上，转轴从支架中间孔位穿出，用 3 颗短螺丝拧紧，如图 3-2-3 所示。注意，锁完螺丝用手晃动支架，若能晃动说明螺丝未完全锁紧，需重新拧紧。

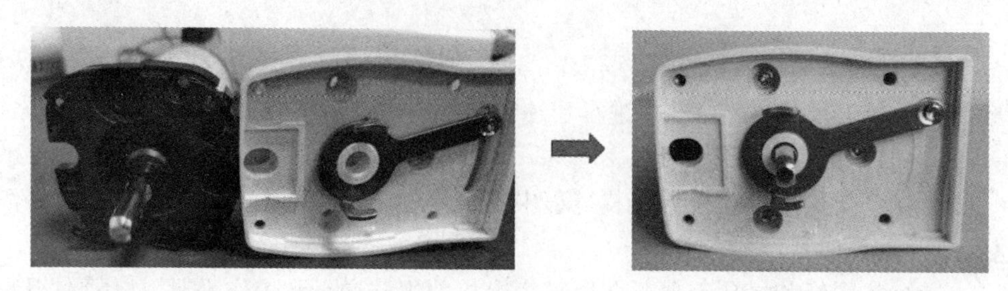

图 3-2-3　电机支架安装

（3）外壳安装：将锁好电机的支架放入外壳扣住，如图 3-2-4 所示。

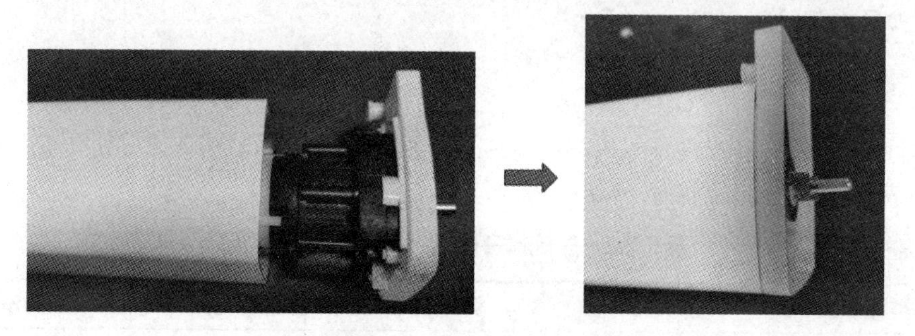

图 3-2-4　外壳安装

（4）不锈钢件安装：转轴上加一个 PVC 圈，放上不锈钢件，锁上 4 颗短螺丝，如图 3-2-5 所示。若锁扣挡住不锈钢件，可适当调整锁扣位置。注意，锁好螺丝用手晃动不锈钢件，若能晃动说明螺丝未完全锁紧，需重新锁紧。

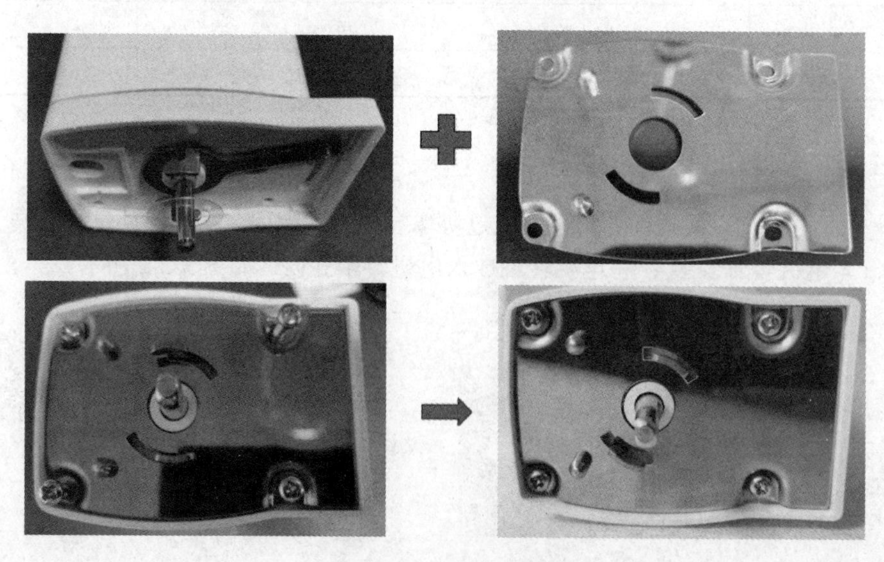

图 3-2-5　不锈钢件安装

（5）电路板安装：将控制板和电源板卡入底壳；将通信板焊接到控制板的插针上，天线从底壳穿入焊接到控制板上，如图 3-2-6 所示。注意，焊接时焊点应保持光滑圆润，不能有短路或虚焊。

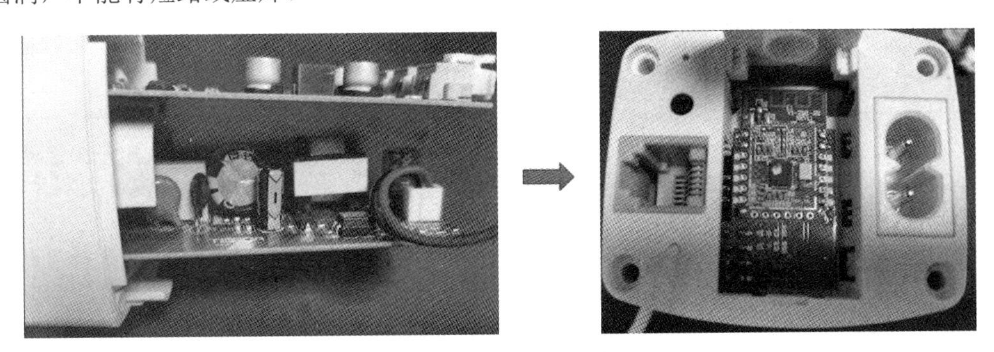

图 3-2-6　电路板安装

（6）整机装配：将电机线和力矩传感器线按下图插到控制板上的相应位置；装入外壳，锁上 4 颗长螺丝，如图 3-2-7 所示。注意，线不可插反插错，否则可能会导致电机不工作或烧坏电路板。

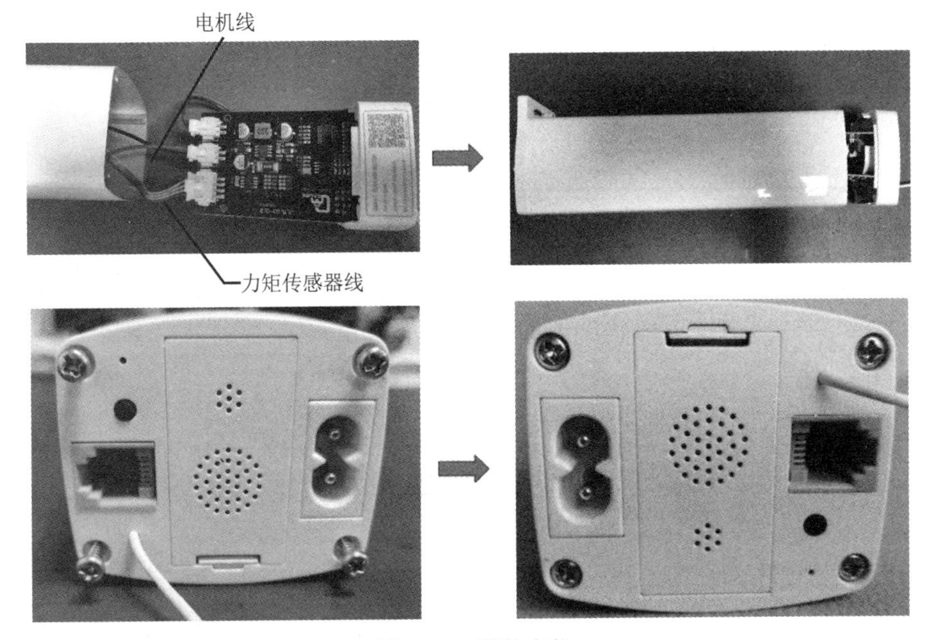

图 3-2-7　整机安装

7　任务检查

检查所有的表格是否填写完毕，所有仪器是否整理到位，将检测过程中出现的问题与培训师进行沟通，并把所获得的结论记录在表 3-2-2 中。

表 3-2-2　智控窗帘电机组装任务检查表

类 别	检测类型	检查点	是否正常（√）	备 注
1	外观检查	对智控窗帘电机进行外观检查，确保没有物理损伤、变形或明显的制造缺陷，包括检查电机表面是否平整，是否有划痕或凹陷等	□ 是 □ 否	
2	电气性能测试	插上电源线，按黑色设置键，查看指示灯是否闪烁	□ 是 □ 否	此项测试用于确保设备能有效供电，开机正常
3	功能测试	根据说明书将电机与遥控器进行配置，查看是否能配置成功	□ 是 □ 否	此项测试用于确保电机的遥控功能正常使用
4	校准与验证	用遥控器控制电机运行，查看电机正反转功能是否正常	□ 是 □ 否	主要测试一整套设备所有部件都能正常运行

将检测中出现的异常现象通过团队讨论给出解决方案，并简要记录在下方。

____

8　任务评价

在表 3-2-3 中自评在团队中的表现。

表 3-2-3　自评

自我评价成绩：____

类 别	标 准	等 级		
		优 5 分	良 4 分	一般 3 分
职业素养	完全遵守实训室管理制度和作息制度			
	积极主动查阅资料，与团队成员沟通、讨论并解决老师布置的问题			
	准时参加团队活动，并为此次活动建言献策			
	能够在团队意见不一致时，用得体的语言提出自己的观点			
	在团队工作协作中，积极帮助团队其他成员完成任务			
专业知识	认识智控窗帘电机的核心部件			
	掌握智控窗帘电机核心部件的工作原理及相互关联			
	掌握智控窗帘电机组装过程的安全意识			
	掌握智控窗帘电机调试测试的核心要点及方法			
专业技能	学会使用智控窗帘电机			
	能够独立安装通信板和天线			
	能够独立完成智控窗帘电机遥控配置功能			
	能够独立完成完整的智控窗帘电机组装工作			
	能够独立测试电机正反转功能			

（1）在项目推进过程中，与团队成员之间合作是否愉快？原因是什么？

____

____

（2）本任务完成后，认为个人还可以从哪些方面改进，以使后面的任务完成得更好？

____

____

（3）如果团队得分是 10 分，请评价个人在本次任务完成中对团队的贡献度（包括团队合作、课前资料准备、课中积极参与、课后总结等），并打出分数，说明理由。

分数：__________　理由：________________________________

任务3 故障排查

1 学习目标

（1）能够阐述智控窗帘电机的工作原理。

（2）说出每个电路单元或模块在设备中起到的作用。

（3）阐述窗帘电机在日常使用过程中可能遇到的问题。

（4）运用故障分析技能对使用过程中遇到的故障进行分析排查。

2 任务描述

在窗帘电机组装及调试的过程中，可能会因为某些原因导致设备出现问题，使窗帘电机无法正常工作；或者在日常使用过程中，由于所处环境的变化导致设备出现故障。本任务要求学员能利用所学的窗帘电机的构造和工作原理进行具体问题识别，排查故障并对其进行分析及维修，使设备能正常工作。

定制款窗帘轨道安装介绍

3 知识储备

1）熟练掌握窗帘电机的工作原理及构造

在做故障排查前，应仔细阅读相关的技术文档及说明书，熟悉窗帘电机的工作原理，掌握电路板和传感器的作用。

2）熟悉设备功能及参数设置

（1）接线及功能说明如图 3-3-1 所示。

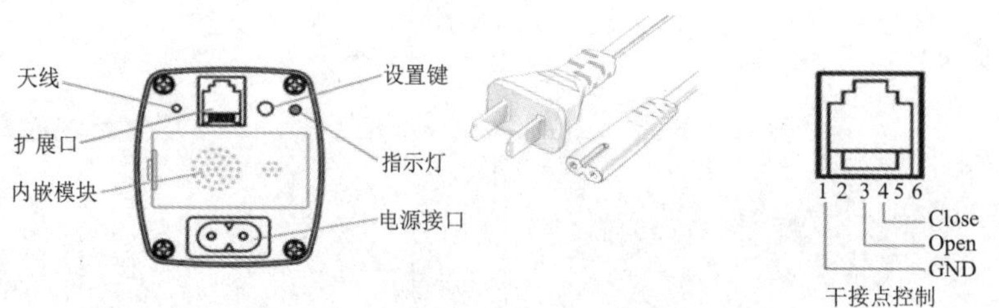

图 3-3-1 接线

（2）电机基本设置。

① 进入设置状态，如图 3-3-2 所示。

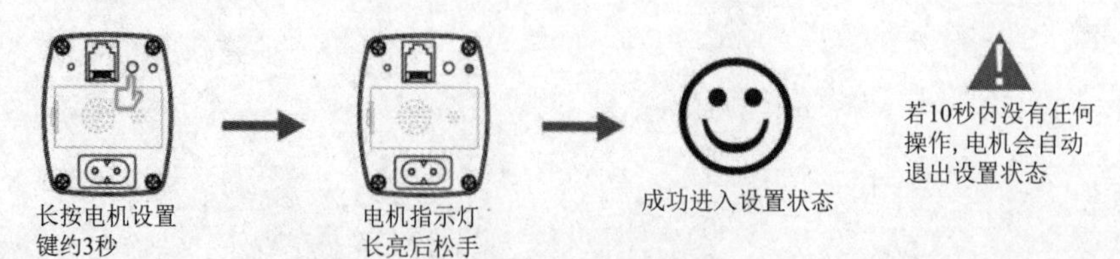

图 3-3-2 进入设置状态

② 遥控学码设置，如图 3-3-3 所示。

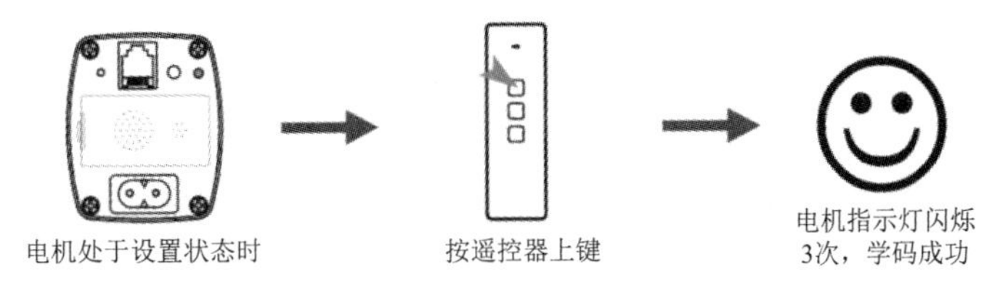

图 3-3-3　遥控学码设置

③ 电机转向（正反转）设置，如图 3-3-4 所示。

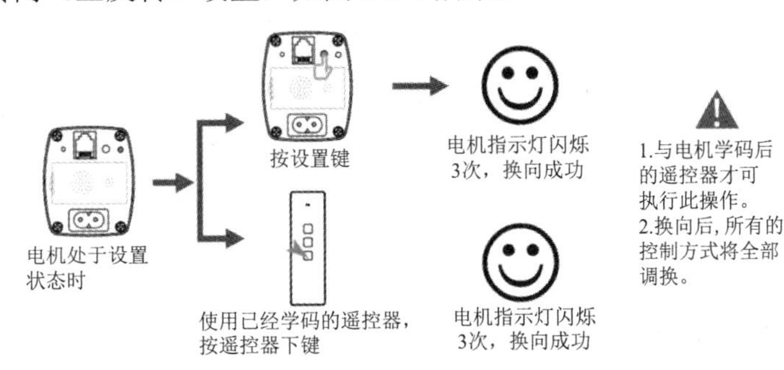

图 3-3-4　电机转向设置

④ 取消手拉启动设置，如图 3-3-5 所示。

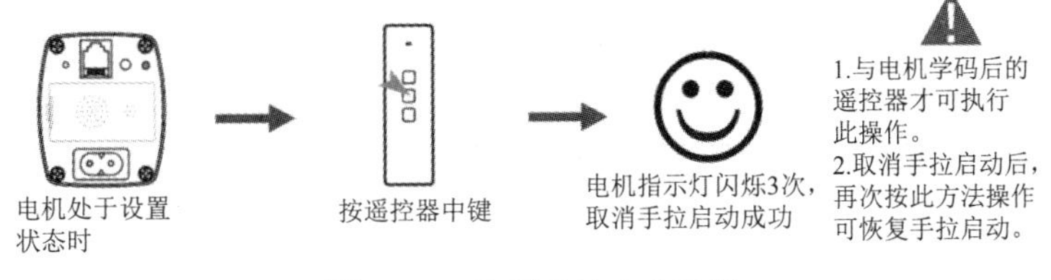

图 3-3-5　取消手拉启动设置

⑤ 恢复出厂设置，如图 3-3-6 所示。

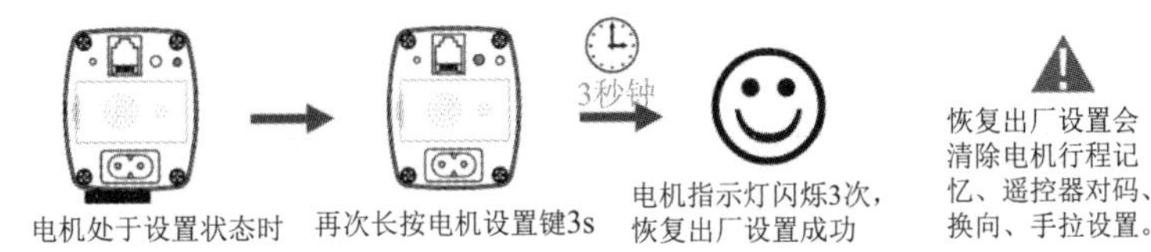

图 3-3-6　恢复出厂设置

3）常见故障

① 设备安装好后，通电后不开机。

② 用遥控控制时电机不工作。

③ 遥控距离变短或无反应。

④ 电机工作过程中未到停机点自动停机。

⑤ 电机在控制过程中突然没有任何反应，指示灯频闪。

⑥ 设备装好后，滑车拉动不顺畅或有异响。

⑦ 电机行程不在导轨的两个端点上。

4）使用安全

在使用过程中应严格遵守安全操作规程，注意防护。当出现故障需要拆机排查时，应先断电，避免触电等事故发生；个别需要通电检查的故障，应佩戴绝缘手套。更换电路板或焊接线路时，应佩戴防静电手环，穿防静电服，避免静电对电路板产生影响。

5）文档记录

在排查故障的过程中，应记录好每个故障及其排查步骤，详细记录排查过程及测试结果。

4 任务准备

（1）故障排查的工具和材料：准备进行窗帘电机故障排查所需的工具和材料，如万用表、剪钳、螺丝刀、绝缘胶带等。

（2）安全防护用品：根据安全防护要求，准备相应的安全防护用品，如绝缘手套、静电手环、静电服等。

（3）技术文档和使用说明书：获取窗帘电机的工作原理、设备的构造说明和使用说明书，以便在排查故障过程中参考和遵循。

5 工作计划

以小组讨论的形式进行组内任务分工，发挥小组成员的特长，通过协作完成任务，并完成表 3-3-1。

表 3-3-1　智控窗帘故障排查任务分配计划表

类 别	任务名称	负责人	完成时间	工具设备
1				
2				
3				
4				
5				
6				

6 任务实施

（1）设备安装好后，无法开机。故障分析：

① 电源线未接通或损坏。

② 控制板电源线接错位置。

③ 电源板损坏。

④ 控制板损坏。

（2）用遥控或无线控制时电机不工作。故障分析：

① 电机未与遥控器学码配置或电机未与网关配网。

② 电机故障。

（3）遥控距离变短或无反应。故障分析：

① 遥控器电量不足。

② 天线未外露或被遮挡。

（4）电机工作过程中突然停止。故障分析：

① 电机自我保护，过流保护或过热保护。

② 达到限位停机点。

③ 窗帘拉动过程中出现异常。

（5）电机在控制过程中突然没有任何反应，指示灯频闪。故障分析：电机进入操作超时保护状态。

（6）设备装好后，滑车拉动不顺畅或有异响。故障分析：

① 滑轮没装好。

② 皮带扣没扣好。

③ 轨道内有异物。

（7）电机行程不在导轨的两个端点上。故障分析：电机在反弹计算过程中拉动了帘布，即设置了任意点停机。

7 任务检查

检查所有的表格是否填写完毕，所有仪器是否整理到位，将检测过程中出现的问题与培训师进行沟通，并把所获得的结论记录在表 3-3-2 中。

表 3-3-2 智控窗帘故障排查任务检查表

类 别	检测类型	检查点	是否正常（√）	备 注
1	外观检查	对窗帘电机进行外观检查，确保没有物理损伤、变形或明显的制造缺陷；检查显示屏是否破裂	□ 是 □ 否	此检查用于判断是否因外力撞击导致设备故障
2	无线连接	将电机与网关进行组网，利用手机 App 操控电机工作，查看电机是否运行	□ 是 □ 否	此测试有助于确保设备无线连接及远程操控功能
3	遥控测试	将窗帘电机与遥控器进行配置，操控遥控器查看电机是否运行	□ 是 □ 否	此项主要测试控制板的遥控功能使用正常
4	校正与调试	用遥控器或手机操控电机，查看正反转是否正常运行	□ 是 □ 否	此项测试用于确保窗帘能正常开合

将检测中出现的异常现象通过团队讨论给出解决方案，并简要记录在下方。

____

____

8 任务评价

在表 3-3-3 中自评在团队中的表现。

表 3-3-3 自评

自我评价成绩：____

项 目	标 准	等 级		
		优 5 分	良 4 分	一般 3 分
职业素养	完全遵守实训室管理制度和作息制度			
	积极主动查阅资料，与团队成员沟通、讨论并解决老师布置的问题			
	准时参加团队活动，并为此次活动建言献策			
	能够在团队意见不一致时，用得体的语言提出自己的观点			
	在团队工作中，积极帮助团队其他成员完成任务			
专业知识	认识窗帘电机的故障排查方法			
	掌握窗帘电机核心部件的工作原理			
	掌握窗帘电机测试过程的安全方法			
	掌握窗帘电机调试测试的核心要点及技术说明			
专业技能	学会安装窗帘电机及操控设备运行			
	能够独立发现窗帘电机设备故障			
	能够独立完成窗帘电机与遥控器配置			
	能够独立完成窗帘电机故障原因的分析			
	能够独立使用工具检测窗帘电机故障			

（1）在项目推进过程中，与团队成员之间的合作是否愉快？原因是什么？

____

（2）本任务完成后，认为个人还可以从哪些方面改进，以使后面的任务完成得更好？

____

（3）如果团队得分是 10 分，请评价个人在本次任务完成中对团队的贡献度（包括团队合作、课前资料准备、课中积极参与、课后总结等），并打出分数，说明理由。

分数：__________ 理由：______________________________

任务4　部件维修与调试

1　学习目标

（1）描述窗帘电机的构造、工作原理、使用及调试。
（2）够应用故障排查分析方法进行故障分析及处理。
（3）能够应用维修技巧及检测工具。
（4）能够应用焊接技巧并掌握焊接工艺对电路的影响。

2　任务描述

本任务要求学员熟悉窗帘电机的构造和工作原理，能够快速精准地识别窗帘电机在使用及调试过程中出现的故障，并能分析及维修故障。学员需熟悉检测维修设备所需的工具、材料，在确保安全的情况下对设备进行检测与维修。

3　知识准备

1）智控窗帘电机核心部件功能说明

（1）电机模块：核心组件，负责驱动窗帘的开合。由直流电机和减速齿轮组组成。

（2）控制模块：控制电机的运行逻辑，执行开合指令。主要组成部分是MCU和电机驱动电路，其中，MCU负责电机控制和通信管理（结构见图3-4-1），电机驱动用于控制电机的运行方向和速度。

（3）通信模块：用ZigBee模块实现与其他智能家居设备和用户的通信，支持远程控制。

（4）电源管理模块：输入220V交流电，将交流电转换为控制板所需的直流电，确保电机在不同电源条件下能稳定运行。

（5）用户界面：为用户提供本地控制和状态反馈。手动控制按钮用于触发设备遥控、入网、恢复出厂等设置，状态指示灯用于显示当前窗帘状态。

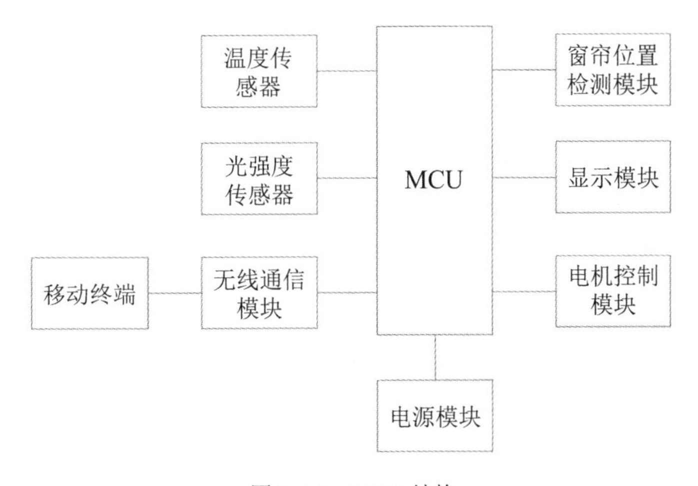

图3-4-1　MCU结构

2）日常维护

（1）定期清洁：为保持电动窗帘的正常运行，应定期对窗帘轨道进行清洁以避免积尘和杂物对电机造成影响。

（2）避免水浸：智控窗帘电机应避免长时间暴露在水源或潮湿环境中，以防止电机受潮受损。

（3）保持稳定供电：确保电动窗帘电机的供电电压稳定，避免过高或过低的电压对电机造成损害。

（4）定期润滑：根据使用频率，定期给电机传动链条添加适量润滑油，以保持良好的运转效果。

3）测试和焊接环境

（1）测试一般在常温环境下进行，个别元件在不同的气温条件下测试阻值可能会得到不同的结果（如温度传感器），将测试结果与其他完好的元件对比即可。

（2）焊接时，不同的电路板材料、元器件要求的温度不同，因此需要控制合适的温度，过高过低都会影响焊接的质量。一般来说，烙铁焊接电路板需要的适宜温度为250℃ ~300℃。

4）元件及材料的选择

（1）选择可靠的元件和电路模块，如经过检测的温度传感器、控制板、电机等，确保更换完之后能正常使用。

（2）选择表面光亮无氧化的无铅焊锡，以免造成焊接困难，影响电路性能。

5）注意事项

（1）焊接完，应保证电路板整洁干净、无灰尘、无锡渣残留，以免影响电路板性能。

（2）电烙铁使用后应在烙铁头上留一部分锡，避免烙铁头因长时间没有使用导致氧化不吃锡。电烙铁用完应及时关闭开关或拔掉电源，防止不小心烫伤。

（3）拆下来的元件应单独放置，避免与正常的元件混放。

6）安全与防护

（1）在检测及焊接过程中，应严格遵守安全操作规程，避免触电、烫伤等事故发生。

（2）对于需要通电测试的部分，应在确保安全的前提下进行操作，避免短路或过载。

（3）对于可能产生高温的部分，应采取相应的防护措施，保护操作人员的安全。

（4）在安装、移动、清洁或检修窗帘电机前，注意断开外部电源。

（5）在安装窗帘电机前，请详细阅读使用说明书，严格按照说明书操作。

（6）所有接线必须符合国家标准。

7）记录与文档

（1）在维修过程中，应详细记录每一步的操作和测试结果，以便于后续维护和故障排查，如表 3-4-1 所示。

（2）维修完成后，应整理相关工具和材料，方便后续使用和管理。

表 3-4-1　问题记录表

<table>
<tr><td colspan="4">问题记录表</td></tr>
<tr><td>名　称</td><td></td><td>型　号</td><td></td></tr>
<tr><td>报修人员</td><td></td><td>报修日期</td><td></td></tr>
<tr><td>故障描述</td><td colspan="3"></td></tr>
<tr><td>具体原因</td><td colspan="3"></td></tr>
<tr><td colspan="4">维修情况
（以下相关内容需填写）</td></tr>
<tr><td>维修人员</td><td></td><td>维修日期</td><td></td></tr>
<tr><td>故障分析</td><td colspan="3"></td></tr>
<tr><td>解决方案</td><td colspan="3"></td></tr>
<tr><td>更换配件</td><td colspan="3"></td></tr>
<tr><td>功能测试</td><td colspan="3"></td></tr>
</table>

4 任务准备

（1）准备工具及材料：维修前准备好电烙铁、螺丝刀、斜口钳、镊子、万用表等工具，准备焊接材料（无铅焊锡）以及质量可靠的连接线和电路模块等。

（2）安全防护用品：根据测试及焊接需求，准备相应的安全防护用品，如绝缘手套、静电服等。

（3）维修手册和调试说明书：获取维修手册和调试说明书，以便在维修过程中参考和遵循。

5 工作计划

以小组讨论的形式进行组内任务分工，发挥小组成员的特长，通过协作完成任务，并完成表 3-4-2。

表 3-4-2　智控窗帘部件维修与调试任务分配计划表

类 别	任务名称	负责人	完成时间	工具设备
1				
2				
3				
4				
5				
6				

6 任务实施

（1）设备安装好后，无法开机。解决方案：

① 检查电源线是否完好，用完好的电源线接通。

② 查看控制板电源输入线接线是否正确，若接错位置，则调回正确位置再测试。

③ 将正常的控制板或电源板分别换上，判断是哪块电路板有问题，将有问题的电路板换掉。

（2）用遥控控制时窗帘电机不工作。解决方案：

① 将电机恢复出厂设置，再重新配置遥控器。

② 换成新电机模块测试。

（3）遥控距离变短或无反应。解决方案：

① 更换遥控器电池。

② 将天线外露，置于无遮挡的地方。

（4）电机工作过程中未到停机点自动停机。解决方案：

① 查看电机是否有过流或发热现象，等待几分钟再使用。

② 用手拉动窗帘看是否卡住，排除窗帘卡死。

（5）电机在控制过程中突然没有任何反应，指示灯频闪。解决方案：电机进入超时状态，等待 2 分钟再操作。

（6）设备装好后，滑车拉动不顺畅或有异响。解决方案：

① 窗帘轨道拆掉，按照说明书步骤重新安装。

② 清理轨道内异物。

（7）电机行程不在导轨的两个端点上。解决方案：电机断电 20s 以上再重新通电或将电机恢复出厂设置。

7 任务检查

检查所有的表格是否填写完毕，所有仪器是否整理到位，将检测过程中出现的问题与培训师进行沟通，并把所获得的结论记录在表 3-4-3 中。

表 3-4-3 智控窗帘电机部件维修与调试任务检查表

类 别	检测类型	检查点	是否正常（√）	备 注
1	接线	查看外部交流电源线是否破损，有没有松动；内部接线是否正确	□ 是 □ 否	此检查用于判断是否能正常开机
2	关键部件	更换关键部件（如电机模块、控制板、电源板）时，应先检测该部件能否正常工作	□ 是 □ 否	确保关键部件能正常使用
3	遥控及无线	分别用遥控器和手机操控电机工作，查看电机是否运行	□ 是 □ 否	测试用于确保设备的遥控功能和无线连接功能正常使用
4	校正与调试	操控电机转向、限位功能，观察正反转是否正常，力矩传感器是否正常工作	□ 是 □ 否	此项测试用于保证控制板对电机的控制正常及转向设置符合使用需求，确保力矩传感器与控制板通信正常

将检测中出现的异常现象通过团队讨论给出解决方案，并简要记录在下方。

____

____

8 任务评价

在表 3-4-4 中自评在团队中的表现。

表 3-4-4　自评

自我评价成绩：____

项目	标准	等级		
		优 5分	良 4分	一般 3分
职业素养	完全遵守实训室管理制度和作息制度			
	积极主动查阅资料，与团队成员沟通、讨论并解决老师布置的问题			
	准时参加团队活动，并为此次活动建言献策			
	能够在团队意见不一致时，用得体的语言提出自己的观点			
	在团队工作中，积极帮助团队其他成员完成任务			
专业知识	掌握窗帘电机的工作原理及核心部件			
	掌握窗帘电机的维修方法			
	掌握窗帘电机的日常维护			
	掌握窗帘电机调试测试的核心要点及方法			
专业技能	学会窗帘电机的工作原理及核心部件的作用			
	学会使用遥控器或手机 App 操控窗帘电机运行			
	能够独立发现窗帘电机的故障和排查故障			
	能够独立完成窗帘电机通过网关与手机互联			
	能够独立完成对窗帘电机故障原因的分析			
	能够独立使用工具检测窗帘电机故障			

（1）在项目推进过程中，与团队成员之间的合作是否愉快？原因是什么？

____

____

（2）本任务完成后，认为个人还可以从哪些方面改进，以使后面的任务完成得更好？

____

____

（3）如果团队得分是 10 分，请评价个人在本次任务完成中对团队的贡献度（包括团队合作、课前资料准备、课中积极参与、课后总结等），并打出分数，说明理由。

分数：__________ 理由：______________________________

AI智能语音控制器的应用与维护

任务1 构造与应用

1 学习目标

（1）能够描述智能语音控制系统的概念、基本原理及优势。

（2）能够阐述智能语音控制系统在智能家居领域中的应用。

（3）能够识别产品的基本构造，熟悉各部分配件在系统中的作用及相互关联。

2 任务描述

智能语音控制系统在家居应用领域增加了生活的便利性和安全性。本任务要求学员分组搜集关于智能语音控制面板的资料，包括基本概念、发展历程、应用场景、市场现状，结合教师的讲解，通过实物观察，了解智能语音控制面板的构造、工作原理及应用技术，并分组讨论智能语音控制面板相比传统面板的优势，同时准备简短报告进行分享。对照检查表进行检查，并在老师的指导下进行工作总结和评价。

3 知识储备

1）什么是智能语音控制

AI语音中控：让生活更便捷[超清版]

智能语音控制是一种通过语音识别技术，将人的语音指令转化为控制指令，实现对家庭中各种设备的智能控制。通过简单的语音指令，我们可以实现对家中各种设备的集中控制，提高生活效率和质量，让生活更加智能、更加便捷。

随着物联网和互联网技术的发展，人机交互的需求不断深入。无论是键盘还是触控交互，都远远不能与语音相比，语音才是人类沟通和获取信息最自然的方式。对家居设备的操控从普通的按键式遥控器到蓝牙控制，发展到现在支持语音功能的智能语音控制，语音技术将解放人类的眼睛和双手，成为最佳人机交互模式，服务于各种业务场景。

2）智能语音控制的基本原理

智能语音控制的基本原理是通过语音识别技术将用户的语音指令转化为机器可识别的代码，再经过处理和分析，转化成控制指令，最后通过无线通信传输给智能家居设备，实现对家居设备的操控，如图 4-1-1 所示。AI 技术在语音识别中起着关键作用，它能够不断学习和优化，提高语音识别的准确性和效率。同时，AI 技术还能够根据用户的习惯和偏好，智能地预测用户的需求，从而提供更加个性化的服务。

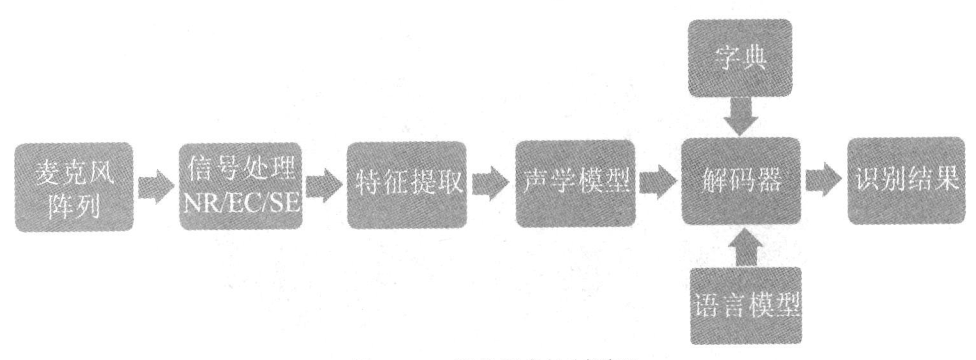

图 4-1-1　智能语音控制原理

3）智能语音控制系统的优势

（1）便捷性：智能语音控制系统使得用户可以通过简单的语音指令实现对家居设备的操控，无需手动操作或使用遥控器等辅助工具，极大地提高了家居生活的便捷性。

（2）智能化：AI 技术的应用使得智能语音系统能够不断学习和优化，提高语音识别的准确性和效率。同时，AI 技术还能够根据用户的习惯和偏好，智能预测用户的需求，提供更加个性化的服务。

（3）安全性：智能语音控制可以与安防监控系统相结合，实现家居安全的全方位保障。在紧急情况下，用户可以通过语音指令向家人或物业求助，确保家居安全。

（4）舒适性：智能语音控制支持场景模式的设置，用户可以根据自己的生活习惯和需求，自定义不同的场景模式。每个场景模式都可以设置多个设备的联动操作，为用户带来更加舒适和便捷的家居体验。

总之，AI 在智能家居中的智能语音控制应用为用户带来了前所未有的便利和舒适。随着技术的不断发展和应用场景的不断拓展，智能语音控制将在智能家居领域发挥更加重要的作用。

4）AI 智能语音控制面板的工作原理

智能语音控制面板是智能家居中常见的产品之一，是一种基于语音识别技术的智能硬件设备。它的工作原理是将人类说话声音转换成电脉冲信号，然后对信号进行处理，将语音内容转化为指令，通过 ZigBee 无线通信控制智能家居设备的工作。其内部采用了话筒、扬声器和无线通信模块等部件，具有与智能音箱类似的语音助手功能，可以通过无线网络连接互联网，用手机应用远程控制或用智能家居语音助手控制家居中的各种设备，也可以与传统的遥控器配对，实现传统的遥控控制功能。

5）AI 智能语音控制面板的构造

智能语音控制面板是由电源、麦克风、控制电路、无线通信、喇叭、外壳等部件组成，其中控制板包含音频处理、处理器、用户交互等电路。如图 4-1-2 所示。

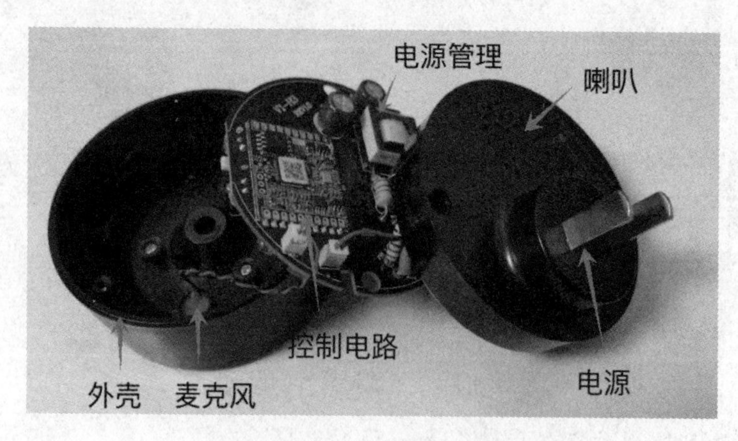

图 4-1-2　智能语音控制面板的构造

（1）电源：将外部输入的 220V 交流电通过降压、整流、滤波产生控制板所需的直流电压，保证控制板的正常工作。

（2）麦克风：采集语音信号，将语音信号转化为电信号，传输给控制电路进行解码处理。

（3）控制电路：将采集到的语音信号、无线信号、红外遥控信号进行识别，转化成控制命令，通过无线连接控制设备执行命令。

（4）无线通信：指 Wi-Fi 模块、ZigBee，用于实现与其他设备或互联网的连接。

（5）喇叭：实现语音交互、语音唤醒及命令执行播报。

（6）外壳：用于固定和保护内部组件，防尘。

6）智能语音控制面板的基本功能

智能语音控制面板是一个通过无线网络控制系统实现远程控制的多功能家居控制面板。它的功能十分丰富，可以实现语音控制、定时控制、远程控制、场景切换等多种功能，能大大提升家居生活的智能化和科技化程度。图 4-1-3 所示为空调伴侣的主要功能。

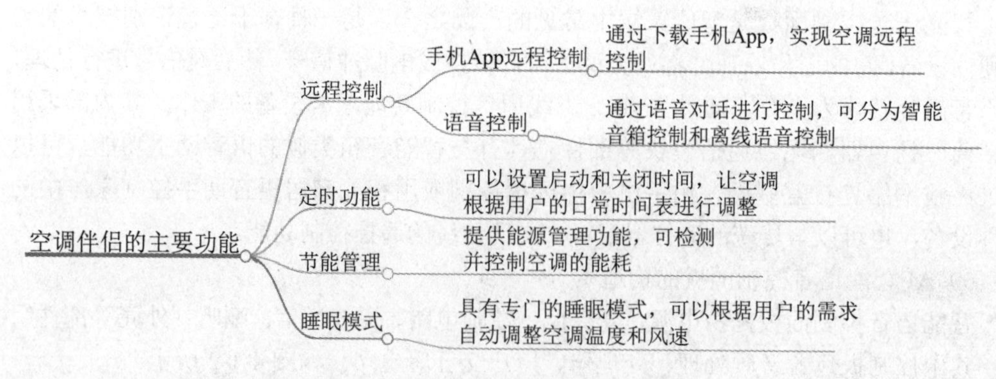

图 4-1-3　空调伴侣的主要功能

（1）语音控制：智能语音控制面板的语音控制功能，可以说是智能面板的核心功能。智能语音控制面板支持语音控制智能家居和智能家电，无论是在家里，还是在外面，都可以通过语音进行操作。比如可以用语音打开客厅灯或调节灯光、打开空调或调节空调温度，打开电视或播放电视节目等。

（2）定时控制：定时控制是智能语音控制面板的另一个重要功能。它可以帮助用户实现很多不方便手动操作的功能，比如定时开关灯、定时开关电器等，用户可以设置不同的时间来控制电器设备的工作，比如可以设置在每天晚上6点让空调开始工作，早上7点关闭空调。

（3）场景切换：智能语音控制面板的场景切换功能十分强大，用户可以将家里的电器设备进行分类，通过设置不同的场景来实现不同的智能操作。比如设置“回家模式”的对应控制是打开灯光和空调等，当你回到家后，只需要用语音唤醒“回家模式”，就可以打开家里的灯光和空调等设备。

（4）远程控制：智能语音控制面板的远程控制功能也是非常方便的，用户可以通过手机App远程控制来提前打开家里的电器设备。比如在回家前通过远程控制打开家中的灯光进行色温调节，或打开空调及设定空调温度。到家时用户就可以享受明亮又舒适的家居环境。

7）AI智能语音控制面板在智能家居中的应用

随着科技的快速发展，智能家居已经逐渐融入人们的日常生活，为人们带来了前所未有的便利和舒适，如图4-1-4所示。其中，智能语音控制作为智能家居的重要组成部分，借助人工智能（AI）技术，使得用户能够通过简单的语音指令实现对家居设备的操控，极大地提升了家居生活的智能化水平。

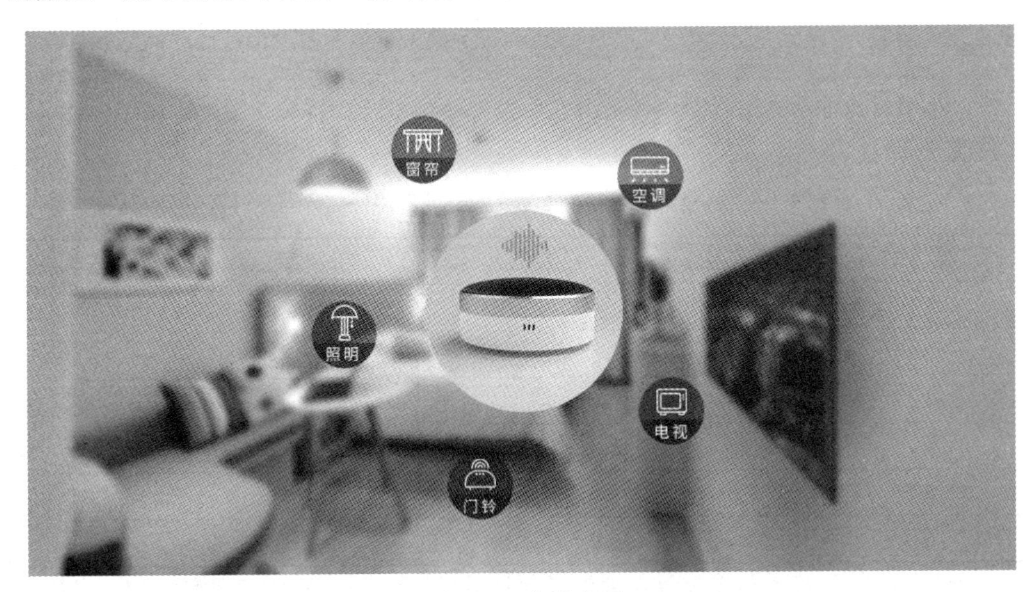

图4-1-4　智能家居

（1）照明控制系统：通过智能语音控制面板可以调节房间的灯光亮度、色温等，营造出温馨、浪漫或明亮的氛围。同时，面板还可以设置定时开关功能，让灯光在合适的时间自动调节。

（2）空调控制系统：用户可以根据自己的需求设置房间的温度、湿度等参数，智能语音控制面板会自动调节空调的工作状态，保持室内舒适的温度。此外，面板还可以设置睡眠模式，让人们在安静的环境中安然入睡。

（3）窗帘控制系统：用户可以通过智能语音控制面板控制房间的窗帘开关，方便快捷。在清晨或傍晚时分，面板还可以设置定时开关功能，让窗帘在合适的时间自动打开或关闭。

（4）音乐控制系统：用户可以通过智能语音控制面板在房间内播放音乐，轻松享受美妙的生活。面板还可以与手机等设备连接，实现音乐同步播放。

（5）智能语音助手：用户可以通过与智能语音助手的交互，实现对房间设备的语音控制。

4 任务准备

（1）实物：准备一套智能语音控制面板、一套网关和智控灯，根据实物加深对面板内部构造的理解，方便学习智能语音控制面板的使用及操作功能。

（2）相关资料：准备一些智能家居的相关资料，学习智能语音控制面板在智能家居领域中的应用。

（3）产品说明书：根据说明书学习智能语音控制面板的基本功能和使用方法。

5 工作计划

以小组讨论的形式进行组内任务分工，发挥小组成员的特长，通过协作完成任务，并完成表 4-1-1。

表 4-1-1　AI 智能语音控制面板的构造与应用任务分配计划表

类 别	任务名称	负责人	完成时间	工具设备
1				
2				
3				
4				
5				
6				

6 任务实施

（1）智能语音控制相较于传统开关控制或遥控控制的优势是什么？

____

____

（2）小组探讨并陈述智能语音控制系统的控制原理。

____

____

（3）智能语音控制面板的基本构造是什么？它的工作原理是什么？

____

____

（4）请写出智能语音控制面板在智能家居领域的应用。

____

____

（5）智能语音控制面板除了应用于家庭环境中，还可以应用于哪些场景？

____

____

7 任务检查

检查所有的表格是否填写完毕，所有仪器是否整理到位，将检测过程中出现的问题与培训师进行沟通，并把所获得的结论记录在表 4-1-2 中。

表 4-1-2 AI 智能语音控制面板的构造与应用任务检查表

类 别	检测类型	检查点	是否掌握（√）	备 注
1	概念和原理	了解智能语音的概念及智能语音控制系统的控制原理	□ 是 □ 否	
2	优势	熟悉智能语音控制相比传统开关控制或遥控控制的优势	□ 是 □ 否	
3	基本构造	掌握智能语音控制面板的基本构造及每个部件的工作原理	□ 是 □ 否	
4	应用场景	掌握智能语音控制面板在智能家居领域中的应用并清楚它的主要功能	□ 是 □ 否	

将检测中出现的异常现象通过团队讨论给出解决方案，并简要记录在下方。

____

____

8 任务评价

在表 4-1-3 中自评在团队中的表现。

表 4-1-3　自评

自我评价成绩：____

项 目	标 准	等 级		
		优 5 分	良 4 分	一般 3 分
职业素养	完全遵守实训室管理制度和作息制度			
	积极主动查阅资料，与团队成员沟通、讨论并解决老师布置的问题			
	准时参加团队活动，并为此次活动建言献策			
	能够在团队意见不一致时，用得体的语言提出自己的观点			
	在团队工作中，积极帮助团队其他成员完成任务			
专业知识	了解智能语音控制的基本概念			
	熟悉智能语音控制系统的工作原理和优势			
	掌握智能语音控制面板的基本构造和工作原理			
	掌握智能语音控制面板的主要功能及在智能家居领域的应用			
专业技能	能够说出什么是智能语音控制			
	能够独立讲述智能语音控制系统的控制原理			
	能够独立讲解智能语音控制面板的基本构造以及它是如何控制智能家居、智能家电工作的			
	能够独立叙述智能语音控制面板的主要功能以及在智能家居中的应用			

（1）在项目推进过程中，与团队成员之间的合作是否愉快？原因是什么？

______

______

（2）本任务完成后，认为个人还可以从哪些方面改进，以使后面的任务完成得更好？

______

______

（3）如果团队得分是 10 分，请评价个人在本次任务完成中对团队的贡献度（包括团队合作、课前资料准备、课中积极参与、课后总结等），并打出分数，说明理由。

分数：__________　理由：________________________________

任务2 产品组装

1 学习目标

（1）能够阐述AI智能语音中控器基本组成、工作原理、各部件的功能和相互关联。

（2）能够按照标准操作流程和安全规范进行AI智能语音中控器的组装。

（3）具备分析问题和解决问题的能力，能够识别组装过程中的常见的故障并采取相应的解决措施。

（4）具备团队协作能力，能够在任务执行过程中相互支持。

2 任务描述

本任务要求学员在了解AI智能语音控制面板的构造和工作原理的基础上，按照规定的步骤和方法完成AI智能语音控制面板的组装。学员需熟悉设备组装所需的工具、材料和安全操作规程，确保组装过程顺利进行，并对组装完成的设备进行基本的功能测试和安全性检查。小组成员在老师的指导下进行工作总结和评价。

3 知识准备

1）AI智能语音控制面板的基本构成

AI智能语音控制面板主要由麦克风、控制板、扬声器、外壳等部件组成，如图4-2-1所示。其中控制板包含了电源、ZigBee通信模块、MCU控制单元、红外接收模组等部分。

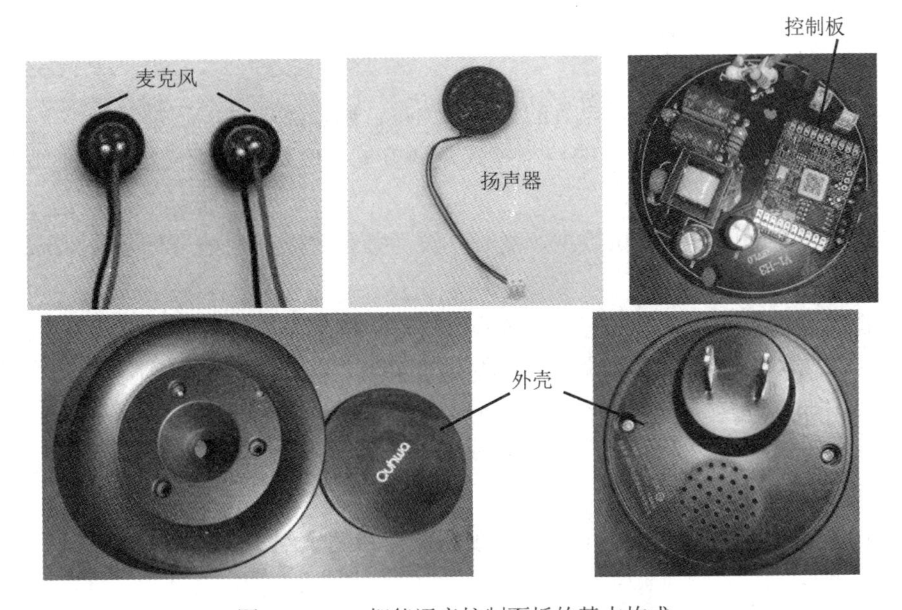

智能语音中控面板的构造

图4-2-1 AI智能语音控制面板的基本构成

2）核心部件的作用和工作原理

____

____

3）组装流程和规范

学习 AI 智能语音控制面板组装的标准操作流程，包括组装顺序、连接方法等，并了解相关的安全规范和注意事项。

（1）操作环境与散热。

① 确保组装环境温度在设备规定的工作范围内，避免高温或低温对设备性能产生影响。

② 保持工作区域空气流通，以便于散热，防止设备过热导致性能下降或损坏。

（2）熟悉设备结构与功能。

在组装前，应详细阅读设备的使用说明和技术文档，了解各部件的功能和安装要求。

（3）正确选择与使用材料。

① 选择质量可靠的控制板、麦克风、扬声器和其他关键部件，确保它们符合设备的规格要求。

② 避免使用不合格或已损坏的部件，以免对设备的性能和稳定性造成影响。

（4）焊接与安装。

① 焊接时应按照设备说明书或接线图进行，确保连接正确、牢固，避免虚接或短路。

② 焊接温度不可过高，正常在 250℃~300℃；焊接时间不宜过长，每次控制在 3s 内。

③ 组装过程中应注意轻拿轻放，避免对设备造成物理损伤。

④ 对于需要固定的部件，应使用合适的紧固件和工具，确保安装牢固、平稳。

（5）调试与测试。

① 在组装完成后，应进行设备的调试和测试，确保各项功能正常运行。

② 根据实际需求设定正确的控制模式，调整灵敏度和反应迟缓度，以达到最佳工作效果。

③ 记录各个时间段的测试数据，观察其波动幅度，以判定是否有异常情况出现。

（6）安全与防护。

① 在组装过程中，应严格遵守安全操作规程，避免触电、烫伤等事故发生。

② 对于需要通电测试的部分，应在确保安全的前提下进行操作，避免短路或过载。

③ 对于可能产生高温或辐射的部分，应采取相应的防护措施，保护操作人员的安全。

（7）记录与文档。

① 在组装过程中，应详细记录每一步的操作和测试结果，以便于后续维护和故障排查。

② 组装完成后，应整理相关文档和资料，方便后续使用和管理。

4 任务准备

（1）组装工具和材料：准备进行 AI 智能语音控制面板组装所需的工具和材料，如电烙铁、无铅焊锡、剪钳、螺丝刀、固定胶水等。

（2）安全防护用品：根据组装过程中的安全要求，准备相应的安全防护用品，如静电服、静电手环等。

（3）组装图纸和操作手册：获取 AI 智能语音控制面板的组装图纸和操作手册，以便在组装过程中参考和遵循。

（4）测试和检查设备：准备用于组装完成后进行功能测试和安全性检查的设备及工具，如万用表等。

5 工作计划

以小组讨论的形式进行组内任务分工，发挥小组成员的特长，通过协作完成任务，并完成表 4-2-1。

表 4-2-1　AI 智能语音控制面板组装任务分配计划表

类 别	任务名称	负责人	完成时间	工具设备
1				
2				
3				
4				
5				
6				

6 任务实施

（1）麦克风安装：将麦克风放入上壳内，打上胶水，等待胶水凝固，如图 4-2-2 所示。注意，胶水凝固前切勿移动麦克风，以免麦克风松动或脱落，影响语音功能。

智能语音中控面板的组装

图 4-2-2　麦克风安装

（2）上盖安装：将印有字母的盖子按图 4-2-3 所示的方向对准螺丝孔放入上壳内，

用3颗短螺丝拧紧。注意，锁完螺丝后用手摇晃上盖，看上盖是否会晃动，若晃动则说明还未完全锁紧，需重新锁紧。

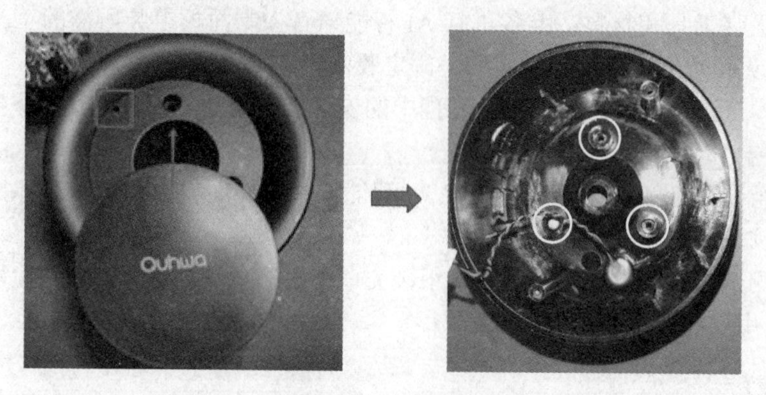

图4-2-3　上盖安装

（3）扬声器安装：将扬声器放入下壳内，打上胶水，等待胶水凝固，如图4-2-4所示。注意，胶水凝固前不可移动扬声器，否则可能会影响设备声音效果。

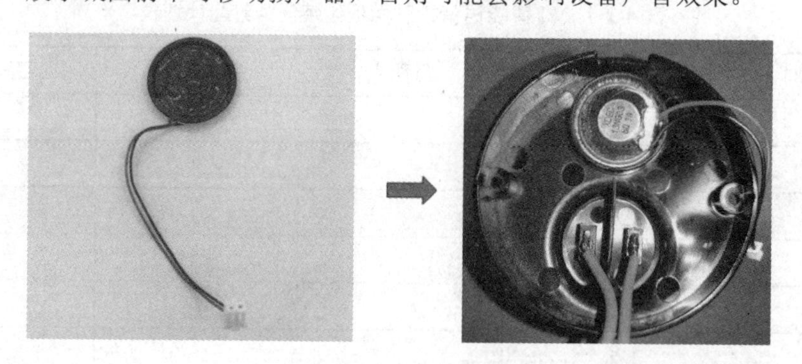

图4-2-4　扬声器安装

（4）电源线焊接：将下壳上的电源线焊到控制板上，点上电子硅橡胶，如图4-2-5所示。注意，焊线时焊点需光滑圆润，不可断路或虚焊。

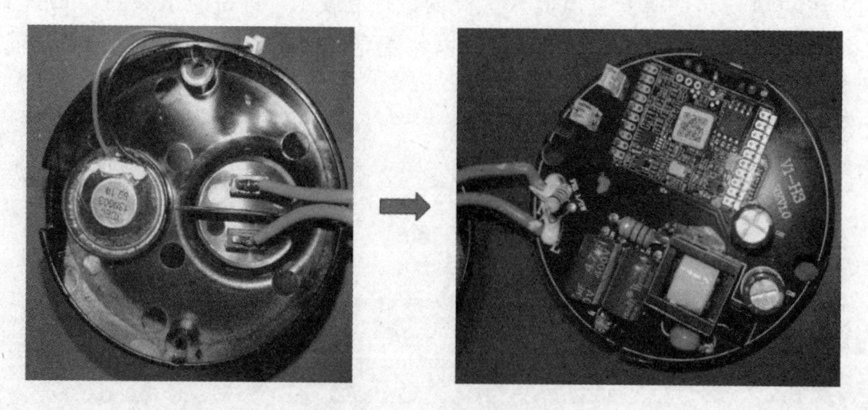

图4-2-5　电源线焊接

（5）控制板安装：将控制板卡到上壳的塑料柱上，麦克风线从控制板的缺口处穿出，如图 4-2-6 所示。注意，麦克风线应绕开上壳的塑料柱，不可卡在控制板与塑料柱之间，否则整机组装的时候可能会将麦克风线卡断。

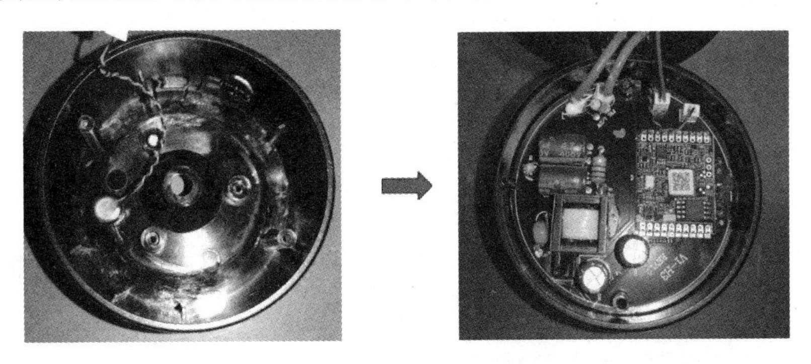

图 4-2-6　控制板安装

⑥ 接线：将麦克风线和扬声器线分别接到控制板上，如图 4-2-7 所示。注意，扬声器和麦克风线不可接反，否则语音功能将不可用。

图 4-2-7　接线

⑦ 整机安装：将上下可对准螺丝孔锁紧，如图 4-2-8 所示。注意，锁好螺丝后用手晃动外壳，如果能晃动说明螺丝未锁紧，需重新锁紧。

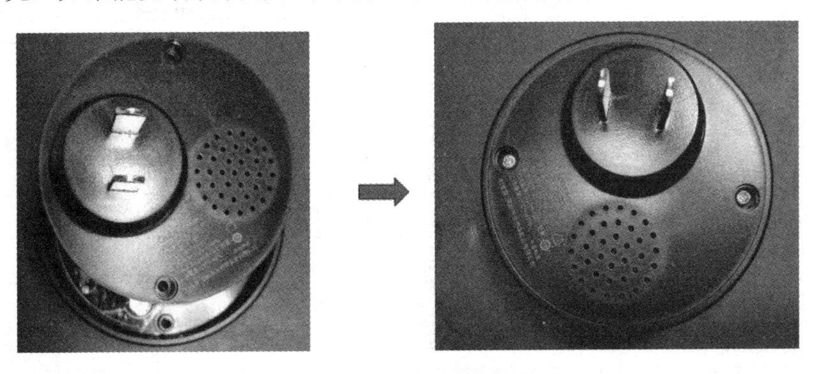

图 4-2-8　整机安装

7　任务检查

检查所有的表格是否填写完毕，所有仪器是否整理到位，将检测过程中出现的问题与培训师进行沟通，并把所获得的结论记录在表 4-2-2 中。

表 4-2-2 AI 智能语音控制面板组装任务检查表

类 别	检测类型	检查点	是否正常（√）	备 注
1	外观检查	对AI智能语音控制面板进行外观检查，确保没有物理损伤、变形或明显的制造缺陷，包括检查面板表面是否平整，是否有划痕或凹陷等	是 否	保证产品完整性，避免因受外力撞击导致产品损坏
2	电气性能测试	可将麦克风和扬声器分别接到正常使用的控制板上，测试是否能正常使用	是 否	此项测试用于确保语音输入和输出信号正常
3	无线连接	根据说明书将智能语音控制面板与网关进行配网，用手机App查看是否配网成功	是 否	此项测试用于确保无线连接功能正常，能实现远程控制
4	功能测试	用手机App设置语音口令及执行场景，通过语音唤醒观察该场景模式下的设备是否正常运行	是 否	主要测试设备的人机交互及命令执行情况

将检测中出现的异常现象通过团队讨论给出解决方案，并简要记录在下方。

____

8 任务评价

在表 4-2-3 中自评在团队中的表现。

表 4-2-3 自评

自我评价成绩：____

项 目	标 准	等 级		
		优 5 分	良 4 分	一般 3 分
职业素养	完全遵守实训室管理制度和作息制度			
	积极主动查阅资料，与团队成员沟通、讨论并解决老师布置的问题			
	准时参加团队活动，并为此次活动建言献策			
	能够在团队意见不一致时，用得体的语言提出自己的观点			
	在团队工作协作中，积极帮助团队其他成员完成任务			
专业知识	认识 AI 智能语音控制面板的核心组成部件			
	掌握 AI 智能语音控制面板的工作原理及各核心部件之间的关联			
	掌握 AI 智能语音控制面板组装过程的安全意识			
	掌握 AI 智能语音控制面板调试测试的核心要点及方法			
专业技能	学会如何使用 AI 智能语音控制面板			
	能够独立焊接控制板电源线			
	能够独立完成 AI 智能语音控制面板的遥控配置功能			
	能够独立完成 AI 智能语音控制面板的组装工作			
	能够独立配置语音场景及通过语音控制场景模式下的设备运行			

（1）在项目推进过程中，与团队成员之间的合作是否愉快？原因是什么？

____

____

（2）本任务完成后，认为个人还可以从哪些方面改进，以使后面的任务完成得更好？

____

____

（3）如果团队得分是10分，请评价个人在本次任务完成中对团队的贡献度（包括团队合作、课前资料准备、课中积极参与、课后总结等），并打出分数，说明理由。

分数：__________ 理由：________________________________

任务3 故障排查

1 学习目标

（1）描述AI智能语音中控器的工作原理，掌握每个电路单元或模块在设备中的作用。

（2）能够阐述日常使用AI智能语音中控器过程中可能遇到的问题。

（3）能够应用故障分析技能对使用过程中遇到的故障问题进行分析排查。

2 任务描述

在AI智能语音控制面板组装及调试的过程中，可能会因为操作不当导致设备出现问题，使面板无法正常工作。在日常使用过程中，由于所处环境的变化也可能导致设备出现故障。本任务要求学员能够利用所学的AI智能语音控制面板的构造和工作原理进行具体问题识别，排查故障并对其进行分析及维修，使设备能正常工作。

3 知识储备

1）掌握智能语音控制面板的工作原理

在做故障排查前，应仔细阅读相关技术文档及说明书，熟悉智能语音控制面板的工作原理，掌握电路板及各组件的作用，这有助于故障分析和排查。

2）智能语音控制面板的功能及使用

（1）产品介绍。

AI智能语音控制面板采用了ZigBee无线通信协议，同时具备智能红外遥控功能，可以匹配空调和电视遥控器，实现对空调和电视的红外遥控控制；支持语音控制，可根据用户需求设置语音命令词及场景模式；搭配网关使用，通过语音命令即可实现场景模式下的空调、照明灯等智能家居的远程控制及定时开关功能。

（2）指示灯状态说明。

指示灯如图4-3-1所示，状态说明见表4-3-1。

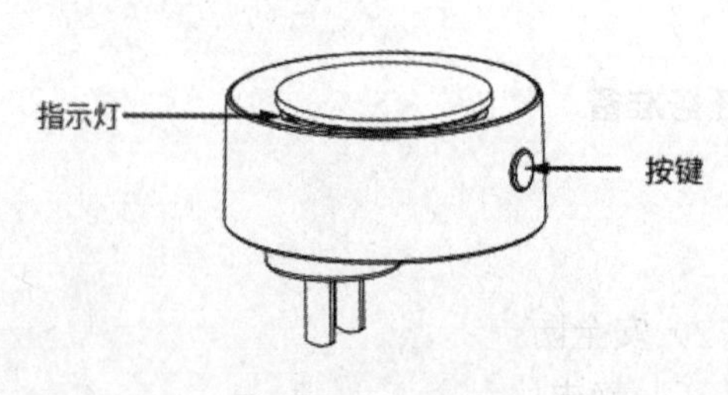

图4-3-1 指示灯

表4-3-1 指示灯状态说明

指示灯名称	指示灯状态	含 义
蓝色指示灯	常亮	配网成功时蓝灯常亮5s后熄灭
	闪烁	提示或进入设备ZigBee的配网状态
	熄灭	退出配网状态

（3）安装说明。

将智能语音控制面板的插头直接插到220V的交流电插座上即可，如图4-3-2所示。

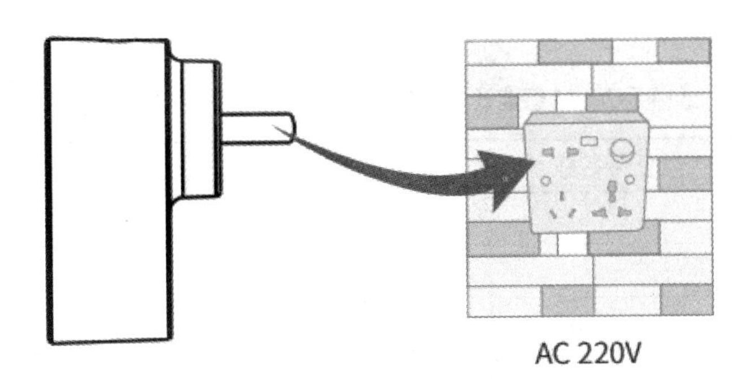

图4-3-2 安装插头

3）常见故障

（1）设备组装完，上电不开机。

（2）无法与网关组网。

（3）语音唤醒无反应。

（4）可语音控制其他设备，但扬声器无声音。

（5）遥控无反应或距离变短。

4）使用安全

在排查故障过程中应严格遵守安全操作规程，注意做好安全防护工作。当出现故障需要拆机排查时，应先断电，避免触电。发生事故，需要通电检查故障时，应佩戴绝缘手套，防止触电。更换电路板或焊接时，应佩戴防静电手环，穿防静电服，避免静电对电路板产生影响。

5）文档记录

在排查故障的过程中，应记录好每个故障及其排查步骤，详细记录排查过程及测试结果。

4 任务准备

（1）故障排查的工具和材料：准备进行语音控制面板故障排查所需的工具和材料，如万用表、剪钳、螺丝刀、绝缘胶带等。

（2）安全防护用品：根据安全防护要求，准备相应的安全防护用品，如绝缘手套、静电手环、静电服等。

（3）技术文档和使用说明书：获取智能语音控制面板的工作原理、设备的构造说明和使用说明书，以便在排查故障过程中参考和遵循。

5 工作计划

以小组讨论的形式进行组内任务分工，发挥小组成员的特长，通过协作完成任务，并完成表 4-3-2。

表 4-3-2 AI 智能语音控制面板故障排查任务分配计划表

类 别	任务名称	负责人	完成时间	工具设备
1				
2				
3				
4				
5				
6				

6 任务实施

（1）设备组装完，上电不开机。故障分析：

① 电源未接通。

② 控制板电源线虚焊。

③ 控制板损坏。

（2）无法与网关组网。故障分析：无线通信模块短路或损坏。

（3）语音唤醒无反应。故障分析：

① 麦克风接触不良或麦克风接口虚焊。

② 麦克风损坏。

（4） 可语音控制其他设备，但扬声器无声音。故障分析：

① 扬声器线接触不良或音频接口虚焊。

② 扬声器损坏。

（5）遥控无反应或距离变短。故障分析：

① 设备未与遥控进行学码配置。

② 遥控器电池没电。

7 任务检查

检查所有的表格是否填写完毕，所有仪器是否整理到位，将检测过程中出现的问题与培训师进行沟通，并把所获得的结论记录在表 4-3-3 中。

表 4-3-3　AI 智能语音控制面板故障排查任务检查表

类 别	检测类型	检查点	是否正常（√）	备 注
1	外观检查	对 AI 智能语音控制面板进行外观检查，确保没有物理损伤、变形或明显的制造缺陷；检查显示屏是否破裂	□ 是 □ 否	此检查用于判断是否因外力撞击导致设备故障
2	无线连接	将设备与网关进行组网，利用手机 App 查看是否组网成功	□ 是 □ 否	测试用于确保设备无线连接及远程操控功能
3	电气性能测试	将麦克风或扬声器接到正常工作的控制板上，测试是否正常运行	□ 是 □ 否	此项测试主要是用来判断麦克风或扬声器是否损坏
4	功能测试	语音唤醒 AI 智能语音控制面板，让其控制其他智能家居工作	□ 是 □ 否	此项测试用于确保 AI 智能语音控制面板正常工作

将检测中出现的异常现象通过团队讨论给出解决方案，并简要记录在下方。

____

8　任务评价

在表 4-3-4 中自评在团队中的表现。

表 4-3-4　自评

自我评价成绩：____

项 目	标 准	等 级		
		优 5 分	良 4 分	一般 3 分
职业素养	完全遵守实训室管理制度和作息制度			
	积极主动查阅资料，与团队成员沟通、讨论并解决老师布置的问题			
	准时参加团队活动，并为此次活动建言献策			
	能够在团队意见不一致时，用得体的语言提出自己的观点			
	在团队工作中，积极帮助团队其他成员完成任务			
专业知识	认识 AI 智能语音控制面板的故障排查方法			
	掌握 AI 智能语音控制面板核心部件的工作原理			
	掌握 AI 智能语音控制面板测试过程的安全方法			
	掌握 AI 智能语音控制面板调试测试的核心要点及技术说明			
专业技能	学会操控 AI 智能语音控制面板控制其他智能家居设备工作			
	能够独立发现 AI 智能语音控制面板的设备故障			
	能够独立操作 AI 智能语音控制面板与遥控器配置及无线组网			
	能够独立完成对 AI 智能语音控制面板故障原因的分析			
	能够独立使用工具检测 AI 智能语音控制面板故障			

（1）在项目推进过程中，与团队成员之间的合作是否愉快？原因是什么？

____

____

（2）本任务完成后，认为个人还可以从哪些方面改进，以使后面的任务完成得更好？

____

____

（3）如果团队得分是 10 分，请评价个人在本次任务完成中对团队的贡献度（包括团队合作、课前资料准备、课中积极参与、课后总结等），并打出分数，说明理由。

分数：__________ 理由：________________________________

任务 4　部件维修与调试

1　学习目标

（1）掌握智能语音中控器的构造和工作原理，理解每个电路单元及传感器的作用。

（2）掌握智能语音中控器的使用及调试技巧。

（3）够应用故障排查分析方法进行故障分析及处理。

（4）能够应用维修技巧及检测工具进行故障维修。

2　任务描述

本任务要求学员能够熟练掌握 AI 智能语音控制面板的构造和工作原理，能够快速精准地识别 AI 智能语音控制面板在使用及调试过程中出现的故障，并能分析及维修故障；学员需熟悉检测维修设备所需的工具、材料，在确保安全的情况下对设备进行检测及维修。

3　知识准备

1）熟悉控制板的电路构造及各电路模块的作用

（1）电路构造如图 4-4-1 所示。

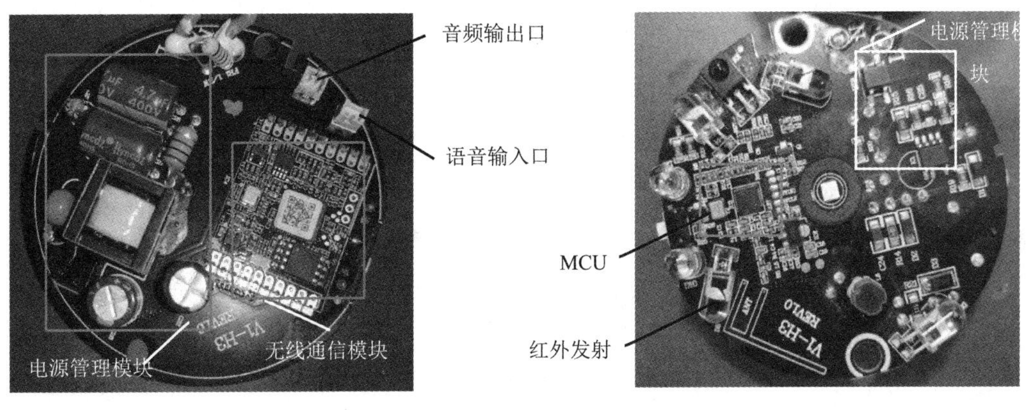

图 4-4-1　电路构造

（2）电路模块说明如下。

① 处理器模块（MCU）：负责语音识别和设备控制的核心计算。

② 红外控制模块：通过接收和发射红外信号，实现遥控控制功能。

③ 电源管理模块：确保设备在各种电源条件下稳定运行。

④ 无线通信模块：支持与外部设备和网络的连接，提升设备的扩展性。

⑤ 音频处理（麦克风）：实现高质量的语音采集和处理，确保语音识别的准确性。

⑥ 用户交互模块：提供用户与设备之间的交互界面，扬声器用于语音反馈和提示音，LED 指示灯用于状态指示，物理按键用于入网设置及恢复出厂。

⑦ 外壳：保护内部组件，确保设备的安全性和耐用性。

2）日常维护

（1）在日常使用过程中，应定期清洁智能语音控制面板，避免灰尘堵住麦克风，影响使用效果。

（2）确保智能语音控制面板的供电电压稳定，避免过高或过低的电压对设备造成损害。

3）测试和焊接环境

（1）测试一般在常温环境下进行，个别元件在不同的气温条件下测试阻值可能会得到不同的结果（如温度传感器），将测试结果与其他完好的元件对比即可。

（2）焊接时，不同的电路板材料、元器件要求的温度不同，因此需要控制合适的温度，温度过高或过低都会影响焊接的质量。一般来说，电烙铁焊接电路板需要的适宜温度为 250℃ ~300℃。

4）元件及材料的选择

（1）选择可靠的元件和电路模块，如经过检测的麦克风、控制板、扬声器等，确保更换完之后能正常使用。

（2）选择表面光亮无氧化的无铅焊锡，以免造成焊接困难，影响电路性能。

5）注意事项

（1）焊接完，应确保电路板整洁干净、无灰尘、无锡渣残留，以免影响电路板性能。

（2）电烙铁使用后，在烙铁头上应留一部分锡，以免烙铁头因长时间没有使用导致氧化不粘锡。电烙铁用完应及时关闭开关或拔掉电源，防止不小心烫伤。

（3）拆下来的元件应单独放置，避免与正常的元件混放。

6）安全与防护

（1）在检测及焊接过程中，应严格遵守安全操作规程，避免触电、烫伤等事故发生。

（2）对于需要通电测试的部分，应在确保安全的前提下进行操作，避免短路或过载。

（3）对于可能产生高温的部分，应采取相应的防护措施，保护操作人员的安全。

（4）在安装、移动、清洁或检修语音控制面板前注意断开外部电源。

（5）在安装语音控制面板前，应详细阅读使用说明书。

（6）所有接线必须符合国家标准。

（7）严格按照说明书操作语音控制面板。

7）记录与文档

（1）在维修过程中，应详细记录每一步的操作和测试结果，以便于后续的维护和故障排查，如表 4-4-1 所示。

（2）维修完成后，应整理相关的工具和材料，方便后续使用和管理。

表 4-4-1　问题记录表

<table>
<tr><td colspan="4">问题记录表</td></tr>
<tr><td>名　称</td><td></td><td>型　号</td><td></td></tr>
<tr><td>报修人员</td><td></td><td>报修日期</td><td></td></tr>
<tr><td>故障描述</td><td colspan="3"></td></tr>
<tr><td>具体原因</td><td colspan="3"></td></tr>
<tr><td colspan="4">维修情况
（以下相关内容需填写）</td></tr>
<tr><td>维修人员</td><td></td><td>维修日期</td><td></td></tr>
<tr><td>故障分析</td><td colspan="3"></td></tr>
<tr><td>解决方案</td><td colspan="3"></td></tr>
<tr><td>更换配件</td><td colspan="3"></td></tr>
<tr><td>功能测试</td><td colspan="3"></td></tr>
</table>

4 任务准备

（1）准备工具及材料：维修前准备好电烙铁、螺丝刀、斜口钳、镊子、万用表等工具，准备焊接材料（无铅焊锡）以及质量可靠的连接线和电路模块等。

（2）安全防护用品：根据测试及焊接需求，准备相应的安全防护用品，如绝缘手套、静电服等。

（3）维修手册和调试说明书：获取维修手册和调试说明书，以便在维修过程中参考和遵循。

5 工作计划

以小组讨论的形式进行组内任务分工，发挥小组成员的特长，通过协作完成任务，并完成表 4-4-2。

表 4-4-2　AI 智能语音控制面板部件维修与调试任务分配计划表

类 别	任务名称	负责人	完成时间	工具设备
1				
2				
3				
4				
5				
6				

6 任务实施

（1）设备组装完，上电不开机。解决方案：

① 检查插座是否有电，确保设备能正常供电。

② 查看控制板电源输入线接线是否虚焊，若虚焊则用电烙铁补焊。

③ 若电源供电都没问题，则可能是控制板损坏，更换控制板即可。

（2）无法与网关组网。解决方案：

① 刚通电需等待几分钟，设备会自动与网关组网；若组网未成功，可根据说明书操作按键 5s 进行重新组网。

② 重新组网仍未成功，查看控制板的无线通信模块是否短路，若短路则用电烙铁重新焊接。

③ 以上都没问题，可能是无线通信模块故障，更换通信模块即可。

（3）语音唤醒无反应。解决方案：

① 查看麦克风线是否松动，控制板麦克风接口是否虚焊或短路。

② 接线没问题，可将麦克风接到正常工作的控制板上，测试麦克风是否正常，若麦克风损坏则更换新麦克风即可。

（4）可语音控制其他设备，但扬声器无声音。解决方案：

① 查看扬声器线是否松动，控制板扬声器接口是否虚焊或短路。

② 以上没问题，可将扬声器接到正常工作的控制板上，测试扬声器是否正常，若扬声器仍无声音则更换新扬声器即可。

（5）遥控无反应或距离变短。解决方案：

① 根据说明书重新将遥控器与设备进行学码配对。

② 更换一组新电池再测试。

7 任务检查

检查所有的表格是否填写完毕，所有仪器是否整理到位，将检测过程中出现的问题与培训师进行沟通，并把所获得的结论记录在表 4-4-3 中。

表 4-4-3 AI 智能语音控制面板部件维修与调试任务检查表

类 别	检测类型	检查点	是否正常（√）	备 注
1	接线	查看控制板电源线是否虚焊或破损，内部麦克风和扬声器接线是否正确	□ 是 □ 否	此检查用于判断是否能正常供电和语音控制
2	部件检查	更换关键部件（如麦克风、控制板、扬声器）时，应先检测该部件能否正常工作	□ 是 □ 否	确保关键部件能正常使用
3	遥控及无线远程操控	分别用遥控器和手机操控电视或空调，查看电视或空调是否运行	□ 是 □ 否	测试用于确保设备的遥控功能和无线连接功能正常
4	校正与调试	操控电机转向、限位功能，观察正反转是否正常，力矩传感器是否正常工作	□ 是 □ 否	此项测试保证智能语音控制面板的语音控制功能正常

将检测中出现的异常现象通过团队讨论给出解决方案，并简要记录在下方。

____

____

____

8 任务评价

在表 4-4-4 中自评在团队中的表现。

表 4-4-4 自评

自我评价成绩：____

项目	标准	等级		
		优 5分	良 4分	一般 3分
职业素养	完全遵守实训室管理制度和作息制度			
	积极主动查阅资料，与团队成员沟通、讨论并解决老师布置的问题			
	准时参加团队活动，并为此次活动建言献策			
	能够在团队意见不一致时，用得体的语言提出自己的观点			
	在团队工作协作中，积极帮助团队其他成员完成任务			
专业知识	掌握 AI 智能语音控制面板的电路板的构造			
	掌握 AI 智能语音控制面板的维修方法			
	掌握 AI 智能语音控制面板的日常维护知识			
	掌握 AI 智能语音控制面板调试测试的核心要点及方法			
专业技能	学会 AI 智能语音控制面板电路板核心部件的作用			
	学会使用遥控或手机 App 操控 AI 智能语音控制面板			
	能够独立发现 AI 智能语音控制面板的故障及排查相应的故障			
	能够独立完成对 AI 智能语音控制面板的语音控制			
	能够独立完成 AI 智能语音控制面板的故障维修			
	能够独立使用工具检测 AI 智能语音控制面板的电路故障			

（1）在项目推进过程中，与团队成员之间的合作是否愉快？原因是什么？

____

____

（2）本任务完成后，认为个人还可以从哪些方面改进，以使后面的任务完成得更好？

____

____

（3）如果团队得分是 10 分，请评价个人在本次任务完成中对团队的贡献度（包括团队合作、课前资料准备、课中积极参与、课后总结等），并打出分数，说明理由。

分数：__________ 理由：______________________________

项目5

烟雾报警器应用与维护

任务1 构造与应用

1 学习目标

（1）能够描述烟雾报警器分类、基本原理及优势。

（2）能够识别烟雾报警器的构造，熟悉每个模块元件在报警器中的作用及相互关联。

（3）阐述不同类型烟雾报警器的应用场景。

2 任务描述

本任务要求学员在了解烟雾报警器的概念和分类的基础上，结合观察实际产品的工作，重点掌握其构造和工作原理；通过理解元件之间的相互关联，熟悉不同类型烟雾报警器的功能及特点，学会如何在不同场所应用不同类型的烟雾报警器。

3 知识储备

1）烟雾报警器的概念

烟雾报警器也称为感烟式火灾探测器、烟感探测器、烟感探头和烟感传感器。烟雾报警器就是通过监测烟雾的浓度来实现火灾防范，被广泛运用到各种消防报警系统中，性能远优于气敏电阻类的火灾报警器。

2）烟雾报警器的分类

根据工作原理，常用烟雾报警器主要分为4大类：离子烟雾报警器、光电烟雾报警器、热敏式烟雾报警器和组合式烟雾报警器。这几类报警器的工作原理和应用场景有所不同，但都能为了监测火灾的发生并及时发出警报。

此外，烟雾报警器还可以根据传输方式分为独立式和集成式两种类型，或者根据应用场景分为民用火灾烟雾报警器和工业有毒有害烟雾报警器。民用火灾烟雾报警器一般安装在居民家庭的厨房，而工业有毒有害烟雾报警器则用于检测特定环境中的烟雾浓度。

选择烟雾报警器时，需要考虑使用环境、烟雾粒子的特性以及报警器的灵敏度和响应速度等因素。例如，对于快速蔓延的火灾，离子烟雾报警器可能更合适，因为它对微小烟雾粒子的感应更灵敏；而对于闷烧火灾，光电烟雾报警器可能更有效，因为它对稍大的烟雾粒子响应更快。

3）烟雾报警器的构造

烟雾报警器主要由感烟元件、控制电路、显示报警元件和电源组成，如图5-1-1所示。其中，感烟元件是用来检测烟雾的，通常采用离子型烟感和光电型烟感两种类型；控制电路是用来控制整个装置运行的，包括运行模式、警报触发等功能；显示报警元件是用来向用户提示当前的警报情况的，通常采用声光告警等方式；电源则是提供能量供整个装置运行的。

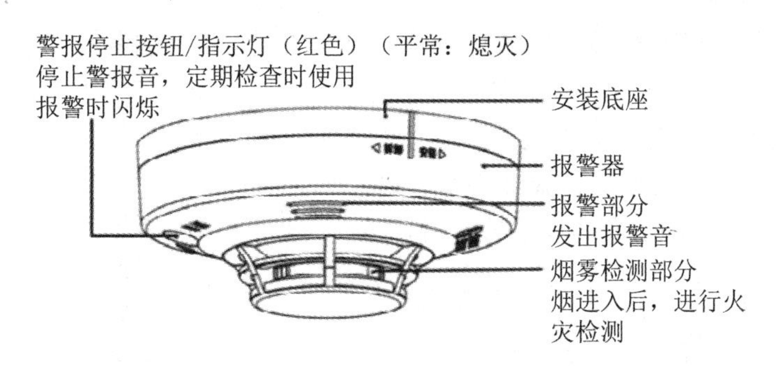

图 5-1-1 烟雾报警器构成

（1）烟感元件：烟雾报警装置中最关键的部分就是感烟元件。感烟元件根据其原理的不同，可以分为离子型和光电型两种。离子型烟感是利用放电离子化来检测烟雾的，而光电型烟感则是通过光电传感器来检测烟雾的。

（2）控制电路：控制电路是用来控制整个烟雾报警装置运行的，通常采用的是单片机及其他控制芯片，通过程序控制整个装置的运行模式和警报触发等功能。控制元件还可以设置多种工作模式，如手动模式和自动模式等。

（3）显示报警元件：显示报警元件是用来向用户提示当前的警报情况的，通常采用声光告警等方式来提示，同时还可以通过显示屏来提示警报详情。当感烟元件检测到一定浓度的烟雾时，控制电路会触发警报，并通过显示报警元件向用户提示。

（4）电源：电源是为烟雾报警器供电，让烟雾报警器正常运行，通常使用干电池或有线连接的方式，可根据不同类型的烟雾报警器选择不同类型的供电方式。其中干电池无需电源线或停电的情况下仍然可以正常运行，但是要定期更换。个别高端的烟雾报警器或报警系统里可能用到电网电源，需要连接电源线。

4）烟雾报警器的工作原理及应用

（1）离子烟雾报警器：这类报警器内部有一个电离室，如图 5-1-2 所示，使用放射元素（如镅 -241），在正常状态下处于电场的平衡状态。当有烟尘进入电离室，会破坏这种平衡关系，报警电路检测到浓度超过设定的阈值时会发出报警。离子烟雾报警器对微小的烟雾粒子感应灵敏，能均衡响应各种烟雾，适用于小房间和卧室等场所。这种烟雾报警器的烟感器件内含放射性元素，切勿随意拆开。

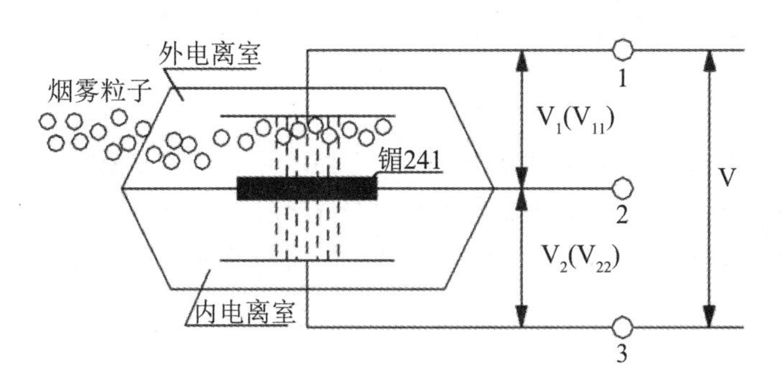

图 5-1-2 离子烟雾报警器

烟雾报警器工作原理

烟雾报警器的应用

（2）光电烟雾报警器：这类报警器内有一个光学迷宫，安装有红外对管，如图 5-1-3 所示。无烟时，红外接收管收不到红外发射管发出的红外光；当烟尘进入光学迷宫时，通过折射、反射，接收管接收到红外光，智能报警电路判断是否超过阈值，如果超过则发出警报。光电烟雾报警器对稍大的烟雾粒子感应较灵敏，但对灰烟、黑烟响应差些，适合监测大面积的房间和室外使用。

图 5-1-3　光电烟雾报警器

（3）热敏式烟雾报警器：它采用温度敏感元器件检测烟雾，在火灾初始阶段，一方面有大量烟雾产生，另一方面物质在燃烧过程中释放出大量的热量，周围环境温度急剧上升。此时，探测器中的热敏元件发生物理变化，响应异常温度、温度速率、温差，从而将温度信号转变成电信号，检测装置就会控制报警器的蜂鸣器响起。热敏式烟雾报警器响应速度快，但误报率相对较高，产品适用于相对湿度经常大于 95% 的场所，如饭店、旅馆、商厦、写字楼、书店、档案库、微机房、影院等公共场所，及其他不宜安装感烟探测器的厅堂和公共场所，也不适宜安装在可能产生黑烟、粉尘飞扬、水蒸气和油雾等场所。

（4）组合式烟雾报警器：这是将光电式、离子式、热敏式等多种烟雾检测技术组合在一起的产品，既能检测烟雾，也能检测温度，能有效地防止误报和漏报的情况发生。组合式烟雾报警器适用于多种场所，如家庭、商业、工业等。

烟雾报警装置作为一种重要的安全设备，不仅具有灵敏准确的检测功能，还具有简单易操作、智能化控制、声光告警等特点。随着技术的发展，烟雾报警装置的应用范围也越来越广泛，对保障人员生命财产安全发挥着越来越重要的作用。

4　任务准备

（1）实物：准备一个烟雾报警器，参照实物加深对烟雾报警器内部构造的理解。

（2）相关资料：准备一些消防安全的相关资料，学习用烟雾报警器防范火灾。

（3）产品说明书：根据说明书学习烟雾报警器的基本功能和使用方法。

5　工作计划

以小组讨论的形式进行组内任务分工，发挥小组成员的特长，通过协作完成任务，并完成表 5-1-1。

表 5-1-1　烟雾报警器构造与应用任务分配计划表

类 别	任务名称	负责人	完成时间	工具设备
1				
2				
3				
4				
5				
6				

6　任务实施

（1）描述烟雾报警器的分类。

______

（2）烟雾报警器由哪些部件组成？写出各个部件在烟雾报警器中的作用。

______

（3）烟雾报警器的工作原理是什么？

______

（4）指出烟雾报警器的应用场景。

______

7　任务检查

检查所有的表格是否填写完毕，所有仪器是否整理到位，将检测过程中出现的问题与培训师进行沟通，并把所获得的结论记录在表 5-1-2 中。

表 5-1-2　烟雾报警器构造与应用任务检查表

类 别	检测类型	检查点	是否掌握（√）	备 注
1	产品分类	熟悉烟雾报警器的分类	□ 是 □ 否	
2	工作原理	根据掌握的知识，说出光电式烟雾报警器的工作原理及特点	□ 是 □ 否	有助于加深对烟雾报警器工作原理的理解
3	基本构造	说出实际产品中各个构造单元的名称，并分别说出它们的作用	□ 是 □ 否	此项用于检查对烟雾报警器构造的掌握程度，以及在使用过程中出现问题能否及时排查故障
4	应用场景	熟悉烟雾报警器的作用和原理，清楚在不同场所应当用什么类型的烟雾报警器	□ 是 □ 否	此项检查能加强对烟雾报警器应用的理解

将检测中出现的异常现象通过团队讨论给出解决方案，并简要记录在下方。

8 任务评价

在表 5-1-3 中自评在团队中的表现。

表 5-1-3　自评

自我评价成绩：____

项 目	标 准	等 级		
		优 5分	良 4分	一般 3分
职业素养	完全遵守实训室管理制度和作息制度			
	积极主动查阅资料，与团队成员沟通、讨论并解决老师布置的问题			
	准时参加团队活动，并为此次活动建言献策			
	能够在团队意见不一致时，用得体的语言提出自己的观点			
	在团队工作中，积极帮助团队其他成员完成任务			
专业知识	认识烟雾报警器的基本概念和分类			
	掌握烟雾报警器的工作原理			
	掌握不同烟雾报警器的区别和应用场景			
	掌握烟雾报警器的基本构造			
专业技能	学会在不同场所应用对应类型的烟雾报警器			
	能够独立讲述烟雾报警器的基本构造及内部各单元的作用			
	能够独立讲解烟雾报警器的工作原理			
	能够独立叙述烟雾报警器的分类			

（1）在项目推进过程中，与团队成员之间的合作是否愉快？原因是什么？

（2）本任务完成后，认为个人还可以从哪些方面改进，以使后面的任务完成得更好？

（3）如果团队得分是 10 分，请评价个人在本次任务完成中对团队的贡献度（包括团队合作、课前资料准备、课中积极参与、课后总结等），并打出分数，说明理由。

分数：__________ 理由：______________________________

任务2 产品组装

1 学习目标

（1）能够阐述烟雾报警器基本组成和工作原理，理解各部件的功能和相互关联。

（2）能够应用组装技巧，按照标准操作流程和安全规范进行设备的组装。

（3）具备分析和解决问题的能力，能够分析组装过程中的常见故障并采取相应的解决措施。

（4）具备团队协作能力，能通过互助完成项目任务。

2 任务描述

本任务要求学员在了解烟雾报警器的构造和工作原理的基础上，按照规定的步骤和方法完成烟雾报警器的组装。学员需熟悉设备组装所需的工具、材料和安全操作规程，确保组装过程顺利进行，并对组装完成的设备进行基本的功能测试和安全性检查。小组成员在老师的指导下进行工作总结和评价。

3 知识准备

1）烟雾报警器的基本构成

烟雾报警器的主要部件包括光电烟雾传感器、温度传感器、控制板、报警装置、电池及外壳，如图 5-2-1 所示。

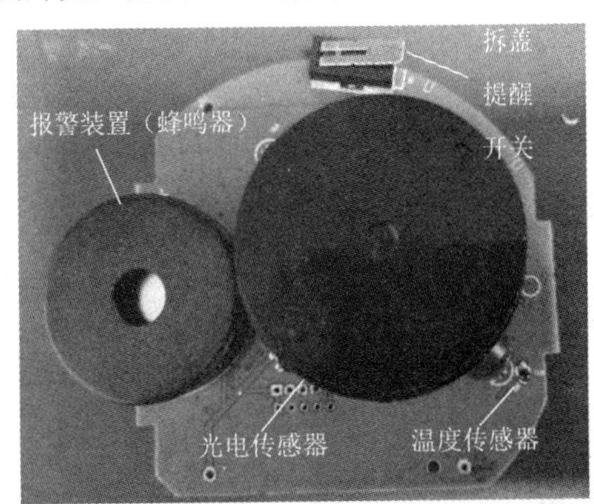

烟雾报警器拆卸介绍

图 5-2-1 烟雾报警器的基本构成

2）核心部件的作用和工作原理

3）组装流程和规范

学习组装烟雾报警器的标准操作流程，包括组装顺序、连接方法等，并了解相关的安全规范和注意事项。

（1）工作环境与散热。

① 确保组装环境温度在设备规定的工作范围内，避免高温或低温对设备性能产生影响。

② 保持工作区域空气流通，以便于散热，防止设备过热导致性能下降或损坏。

（2）熟悉设备结构与功能。

在组装前，应详细阅读设备的使用说明和技术文档，了解各部件的功能和安装要求。

（3）正确选择与使用材料。

① 选择质量可靠的蜂鸣器、传感器、开关和其他关键部件，确保它们符合设备的规格要求。

② 避免使用不合格或已损坏的部件，以免对设备的性能和稳定性造成影响。

（4）注意焊接与安装。

① 焊接应按照设备说明书或接线图进行，确保连接正确、牢固，避免虚接或短路。

② 焊接温度不可过高，正常在250℃~300℃；焊接时间不宜过长，每次控制在3s内。

③ 组装过程中应注意轻拿轻放，避免对设备造成物理损伤。

④ 对于需要固定的部件，应使用合适的紧固件和工具，确保安装牢固、平稳。

（5）调试与测试。

① 在组装完成后，应进行设备的调试和测试，确保各项功能正常运行。

② 根据实际需求设定正确的测试报警及无线连接，调整灵敏度和反应迟缓度，以达到最佳工作效果。

③ 记录各个时间段的测试数据，观察其波动幅度，以判定是否有异常情况出现。

（6）安全与防护。

① 在组装过程中，应严格遵守安全操作规程，避免触电、烫伤等事故发生。

② 对于需要通电测试的部分，应在确保安全的前提下进行操作，避免短路或过载。

③ 对于可能产生高温或辐射的部分，应采取相应的防护措施，保护操作人员的安全。

（7）记录与文档。

① 在组装过程中，应详细记录每一步的操作和测试结果，方便后续维护和故障排查。

② 组装完成后，应整理相关文档和资料，方便后续使用和管理。

4 任务准备

（1）组装工具和材料：准备进行烟雾报警器组装所需的工具和材料，如电烙铁、无铅焊锡、螺丝刀、绝缘胶带、连接线等。

（2）安全防护用品：根据组装过程中的安全要求，准备相应的安全防护用品，如静电服、绝缘手套等。

（3）组装图纸和操作手册：获取智能烟雾报警器的组装图纸和操作手册，以便在组装过程中参考和遵循。

（4）测试和检查设备：准备用于组装完成后进行功能测试和安全性检查的设备和工具，如无线连接所需的网关、手机或平板电脑。

5　工作计划

以小组讨论的形式进行组内任务分工，发挥小组成员的特长，通过协作完成任务，并完成表 5-2-1。

表 5-2-1　烟雾报警器组装任务分配计划表

类 别	任务名称	负责人	完成时间	工具设备
1				
2				
3				
4				
5				
6				

6　任务实施

（1）温度传感器焊接：将温度传感器焊接到控制板上，不分正负极，如图 5-2-2 所示。

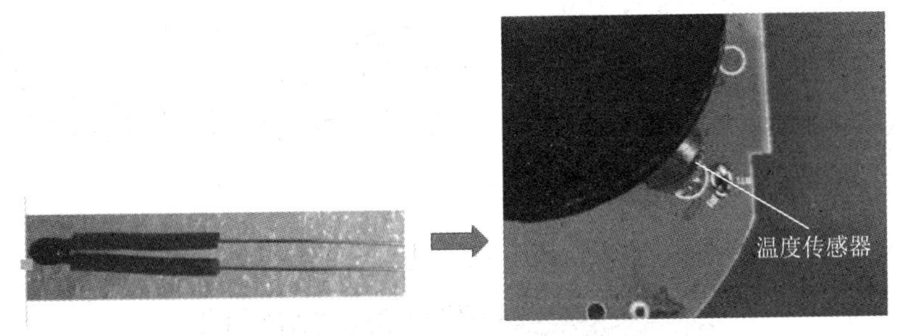

图 5-2-2　温度传感器焊接

（2）控制板组装：将控制板卡到上壳对应的位置上，如图 5-2-3 所示。

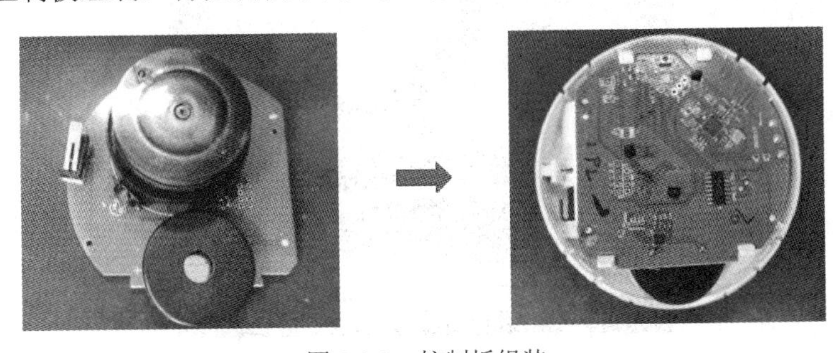

图 5-2-3　控制板组装

（3）电池弹片焊接：将电池弹片插到上壳电池位置并穿过电路板，带弹簧的弹片放在“-”极，不带弹簧的弹片放在“+”极，然后进行焊接，如图 5-2-4 所示。

图 5-2-4　电池弹片焊接

（4）控制板装配：将下壳自检消音（指示灯）位置对准上壳按键位置，下壳对应上壳卡扣，然后按压卡入，如图 5-2-5 所示。

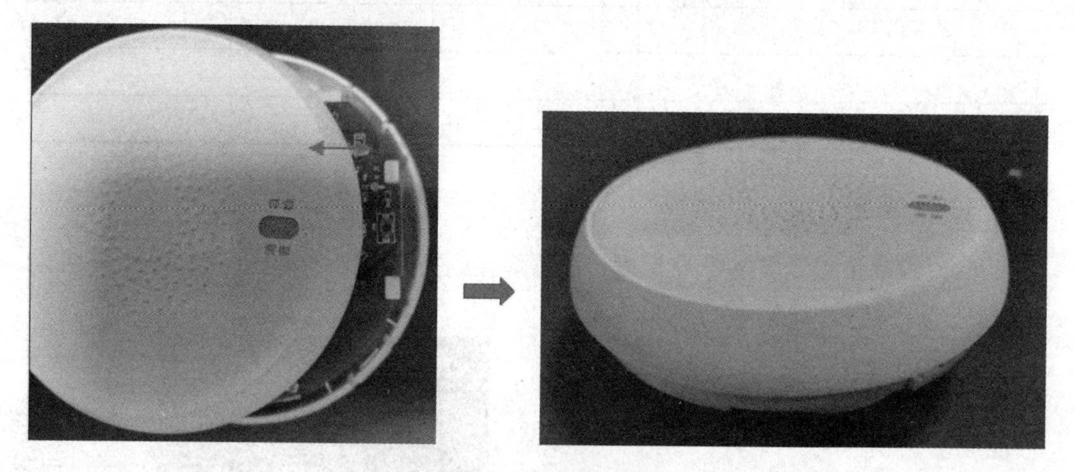

图 5-2-5　控制板装配

（5）电池组装：将电池放入电池仓内，电池凸起端为“+”极，如图 5-2-6 所示。

图 5-2-6　电池组装

（6）防护罩装配：将防护罩的凸起位置对准烟雾报警器防拆开关位置卡入，然后顺指针方向旋转，直到旋不动为止，如图 5-2-7 所示。

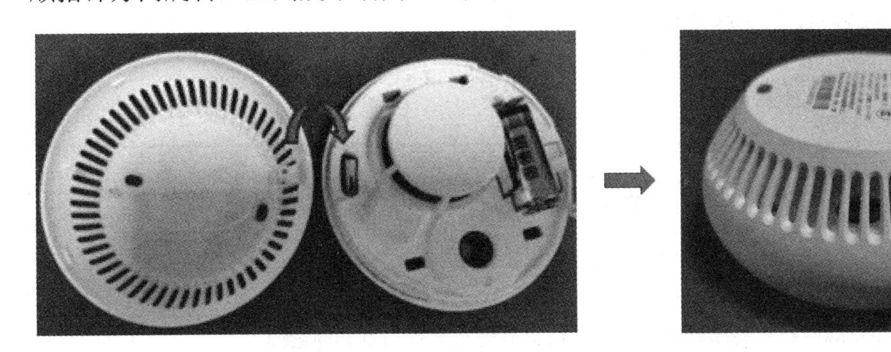

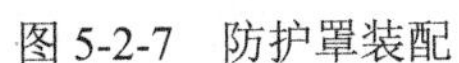

图 5-2-7　防护罩装配

7　任务检查

检查所有的表格是否填写完毕，所有仪器是否整理到位，将检测过程中出现的问题与培训师进行沟通，并把所获得的结论记录在表 5-2-2 中。

表 5-2-2　烟雾报警器组装任务检查表

类 别	检测类型	检查点	是否正常（√）	备 注
1	外观检查	对烟雾报警器进行外观检查，确保没有物理损伤、变形或明显的制造缺陷，包括检查报警器表面是否平整，是否有划痕或凹陷等	□ 是 □ 否	保证产品美观，无瑕疵，否则会引起客户投诉
2	无线连接	与配套网关及手机 App 进行组网，查看 App 是否组网成功	□ 是 □ 否	此测试是为了使其能够与网关无线连接，当火灾报警时可向手机发出报警信息
3	电气性能	按下自检键，检查烟雾报警器是否发出报警声	□ 是 □ 否	此项测试用于确定产品能否正常工作
4	校准与验证	检测设备对烟雾或温度达到一定阈值时是否发出报警，用可能发出烟雾的物品靠近检测仓测试	□ 是 □ 否	可以确保烟雾报警器的传感器正常运行

将检测中出现的异常现象通过团队讨论给出解决方案，并简要记录在下方。

8 任务评价

在表 5-2-3 中自评在团队中的表现。

表 5-2-3 自评

自我评价成绩：____

项 目	标 准	等 级		
		优 5 分	良 4 分	一般 3 分
职业素养	完全遵守实训室管理制度和作息制度			
	积极主动查阅资料，与团队成员沟通、讨论并解决老师布置的问题			
	准时参加团队活动，并为此次活动建言献策			
	能够在团队意见不一致时，用得体的语言提出自己的观点			
	在团队工作中，积极帮助团队其他成员完成任务			
专业知识	认识烟雾报警器的核心部件			
	掌握烟雾报警器的工作原理			
	掌握烟雾报警器组装过程的安全意识			
	掌握烟雾报警器调试测试的核心要点及方法			
专业技能	学会使用烟雾报警器			
	能够独立焊接烟雾报警器的电池弹片			
	能够独立完成烟雾报警器的组装			
	能够独立完成烟雾报警器的测试			
	能够独立完成烟雾报警器与网关组网			

（1）在项目推进过程中，与团队成员之间的合作是否愉快？原因是什么？

____

____

（2）本任务完成后，认为个人还可以从哪些方面改进，以使后面的任务完成得更好？

____

____

（3）如果团队得分是 10 分，请评价个人在本次任务完成中对团队的贡献度（包括团队合作、课前资料准备、课中积极参与、课后总结等），并打出分数，说明理由。

分数：__________ 理由：________________________________

任务3 故障排查

1 学习目标

（1）能够说出烟雾报警器的工作原理及相关知识

（2）能够说出每个电路单元或元器件在电路板上起到的作用。

（3）能够识别烟雾报警器在日常使用过程中可能遇到的问题。

（4）应用故障分析技能对使用过程中遇到的故障进行分析排查。

2 任务描述

在烟雾报警器组装及调试的过程中，可能会因为某些原因导致设备出现问题，使烟雾报警器无法正常工作；或者在日常使用过程中，由于所处环境的变化导致设备出现故障。本任务要求学员能利用所学的烟雾报警器的构造和工作原理进行具体问题识别，排查故障并对其进行分析及维修，使设备能正常工作。

3 知识储备

1）了解调试或日常使用过程中可能遇到的故障

（1）烟雾报警器无任何反应：装上电池无开机提示音，按自检键无反应。

（2）按键无反应：可开机但按自检键无反应。

（3）烟雾报警器间歇性发出提示音：每隔 40 秒发出“滴”提示音。

（4）无火灾报警：经常在非火灾的情况下报警。

（5）无烟报警：经常报警又没烟雾。

（6）无法与网关连接：开机后无法与网关进行组网。

2）熟练掌握烟雾报警器的工作原理及构造

在做故障排查前，应仔细阅读相关技术文档及说明书，熟悉烟雾报警器的工作原理，掌握电路板和传感器的作用。

3）熟悉设备功能及参数设置

了解每个参数对应的功能及含义，熟悉每个功能的设置，请详细阅读使用说明书。

（1）产品功能介绍，如图 5-3-1 所示。

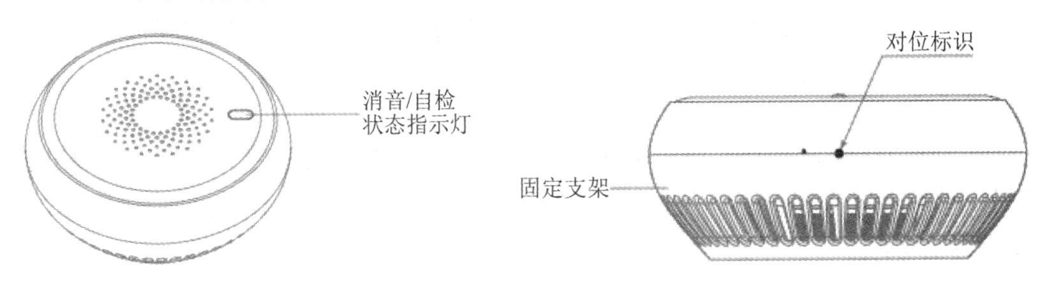

图 5-3-1 产品功能设置

（2）声光信息含义如表 5-3-1 所示。

表 5-3-1　声光信息含义

灯闪烁	蜂鸣器	含 义
红灯闪烁	蜂鸣器“嘀嘀 - -”	表示触发报警
红灯约 50 秒闪烁一次	蜂鸣器不响	表示正常工作状态
黄灯约 40 秒闪烁一次	蜂鸣器“嘀”一声短促声响	表示报警器电量低
红灯闪烁	并伴随蜂鸣器“嘀 - 嘀 - 嘀 - 嘀”四声短促提示声响	表示自检 / 模拟报警测试
绿灯快闪	蜂鸣器不响	表示配网

（3）配网设置。长按按键 5 秒后松开，绿色指示灯闪烁，传感器进入配网状态，如图 5-3-2 所示。

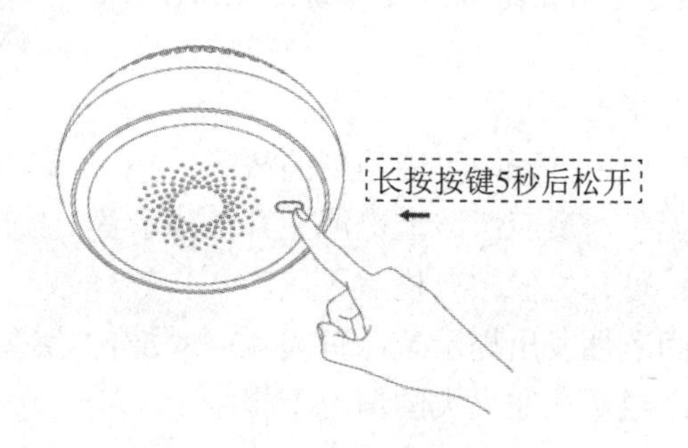

图 5-3-2　配网设置

长按按键 5~10 秒进行配网：按下按键后红灯常亮，5 秒后红灯熄灭，绿灯常亮，此时松开按键开始配网，同时绿灯闪烁；配网成功，绿灯常亮 5 秒后自动熄灭，报警器进入正常监控状态；如果配网失败（60 秒内），则黄灯亮并保持 5 秒后熄灭，报警器进入正常独立监控状态。

4) 使用安全

在测试过程中应严格遵守安全操作规程，注意防护，使用明火或烟雾测试时应避免烫伤等事故的发生。当出现故障需要拆机排查时，应先断电；个别需要通电检查的故障，应佩戴防静电手环，穿防静电服。

5）文档记录

在排查故障的过程中，应记录好每个故障问题及每个问题的排查步骤，详细记录排查过程及测试结果。

4　任务准备

（1）故障排查的工具和材料：准备烟雾报警器故障排查所需的工具和材料，如万用表、剪钳、螺丝刀等。

（2）安全防护用品：根据安全防护要求，准备相应的安全防护用品，如静电手环、静电服等。

（3）技术文档和使用说明书：获取烟雾报警器的工作原理、设备的构造说明和使用说明书，以便在排查故障过程中参考和遵循。

5 工作计划

以小组讨论的形式进行组内任务分工，发挥小组成员的特长，通过协作完成任务，并完成表 5-3-2。

表 5-3-2 烟雾报警器故障排查任务分配计划表

类 别	任务名称	负责人	完成时间	工具设备
1				
2				
3				
4				
5				
6				

6 任务实施

（1）烟雾报警器无任何反应。故障分析：

① 电池正负极接反了。

② 电池弹片虚焊。

③ 控制板坏了。

（2）按键无反应（按下自检按键时没反应）。故障分析：

① 按键虚焊或焊接短路。

② 按键损坏。

（3）烟雾报警器间歇性发出提示音。故障分析：电池电量低。

（4）无火灾报警。故障分析：烟雾报警器安装环境温度过高。

（5）无烟报警。故障分析：

① 烟雾报警器安装位置粉尘过多。

② 烟雾报警器内部有灰尘。

（6）无法与网关连接。故障分析：控制板故障。

7 任务检查

检查所有的表格是否填写完毕，所有仪器是否整理到位，将检测过程中出现的问题与培训师进行沟通，并把所获得的结论记录在表 5-3-3 中。

表 5-3-3　烟雾报警器故障排查任务检查表

类 别	检测类型	检查点	是否正常（√）	备 注
1	外观检查	对烟雾报警器进行外观检查，确保没有物理损伤、变形或明显的制造缺陷；检查显示屏是否破裂	□ 是 □ 否	此检查用于判断是否因外力撞击导致设备故障
2	无线连接	将烟雾报警器与网关进行组网，打开防护罩测试手机是否能收到报警器被拆开的提醒信息	□ 是 □ 否	测试用于确保设备无线连接功能及防拆报警
3	校正与调试	将烟雾或环境温度升高到一定阈值，检测烟雾报警器是否报警	□ 是 □ 否	此项测试用于确保烟雾报警器正常工作

将检测中出现的异常现象通过团队讨论给出解决方案，并简要记录在下方。

____

____

8　任务评价

在表 5-3-4 中自评在团队中的表现。

表 5-3-4　自评

自我评价成绩：____

项 目	标 准	等 级		
		优 5 分	良 4 分	一般 3 分
职业素养	完全遵守实训室管理制度和作息制度			
	积极主动查阅资料，与团队成员沟通、讨论并解决老师布置的问题			
	准时参加团队活动，并为此次活动建言献策			
	能够在团队意见不一致时，用得体的语言提出自己的观点			
	在团队工作中，积极帮助团队其他成员完成任务			
专业知识	认识烟雾报警器的故障排查方法			
	掌握烟雾报警器核心部件的工作原理			
	掌握烟雾报警器测试过程的安全方法			
	掌握烟雾报警器调试测试的核心要点及技术说明			
专业技能	学会安装烟雾报警器及操控设备运行			
	能够独立发现烟雾报警器设备故障			
	能够独立完成烟雾报警器故障排查			
	能够独立完成对烟雾报警器故障原因的分析			
	能够独立使用工具检测烟雾报警器故障			

（1）在项目推进过程中，与团队成员之间的合作是否愉快？原因是什么？

____

____

（2）本任务完成后，认为个人还可以从哪些方面改进，以使后面的任务完成得更好？

____

____

（3）如果团队得分是 10 分，请评价个人在本次任务完成中对团队的贡献度（包括团队合作、课前资料准备、课中积极参与、课后总结等），并打出分数，说明理由。

分数：__________ 理由：________________________________

任务4 部件维修与调试

1 学习目标

（1）能够阐述烟雾报警器的构造和工作原理。

（2）掌握烟雾报警器的使用及调试方法。

（3）够应用故障排查分析方法进行故障分析及处理。

（4）能够运用维修技巧及检测工具对故障进行维修。

（5）能够识别外部设备与烟雾报警器的关联性。

2 任务描述

本任务要求学员在掌握烟雾报警器的构造和工作原理的基础上，能够快速精准地识别烟雾报警器在使用及调试过程中出现的故障，并能分析及维修故障。在任务执行过程中，学员需熟悉检测维修设备所需的工具、材料，在确保安全的情况下对设备进行检测及维修。

3 知识准备

1）烟雾报警器的工作原理及核心部件

本节学习的是光电式烟雾报警器，是通过光电效应实现的。传感器由光电二极管和光敏二极管组成，当光电二极管发射的红外线照射到光敏二极管时，如果空气中存在烟雾等可燃气体，它会吸收红外线并反射回光敏二极管上，这时光感电路会收到信号并触发控制器发出警报。

（1）传感器：烟雾报警器的传感器是检测烟雾的主要部件，其中光电传感器利用光电二极管发射光信号、光敏二极管接收光信号原理进行烟雾检测。

（2）控制器：烟雾报警器的控制器主要是通过传感器来获取烟雾信号，并采取相应措施来触发报警。控制器通常包括电路板、芯片、蜂鸣器等部分。

（3）报警器：当烟雾报警器检测到烟雾时，控制器会触发报警器发出警报声和闪光灯进行警示。报警器一般包括蜂鸣器、LED 指示灯、震动器等部分。

2）报警与测试

（1）正常监控状态：红灯大约每 50 秒闪亮一次，表示正常工作。

（2）自检状态：按键按下小于 5 秒，不管指示灯当前是什么状态，红灯闪烁 4 次并伴随蜂鸣器鸣叫 4 次，表示自检。同时，自检过程中，报警器会发出无线报警信号，供报警控制器接收处理，如图 5-4-1 所示。

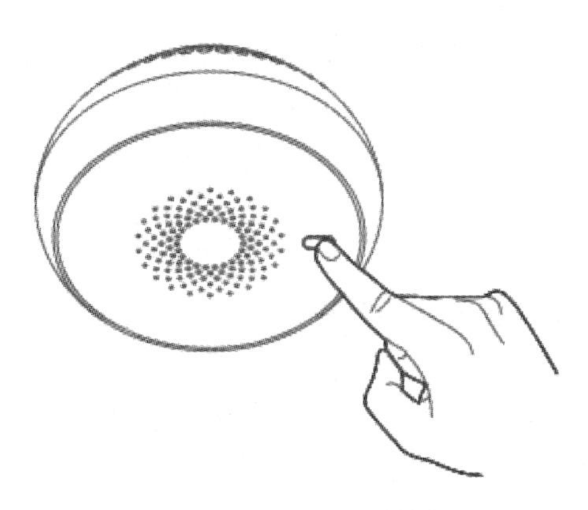

图 5-4-1　长按按钮

① 当烟雾浓度达到报警浓度时，会触发报警。

② 产品自检测试时不要靠近喇叭，响亮的报警声可能会损伤听力。

③ 如果不是测试时发出的报警，则表示有潜在危险，需要立即引起注意，永远不要忽视任何报警，忽视报警可能导致财产损失，人身伤害或死亡。

3）日常维护

烟雾报警器已尽可能设计为免维护，但在日常生活中还有几件简单的事情必须去做，以保持它的正常工作。

（1）测试烟雾报警器：建议至少每周测试一次烟雾警报器。

（2）清洁烟雾报警器：保持烟雾报警器干净，不让灰尘聚积，至少每年清洁一次，清洁时可使用家用吸尘器配合软毛刷附件进行清理，如图 5-4-2 所示。

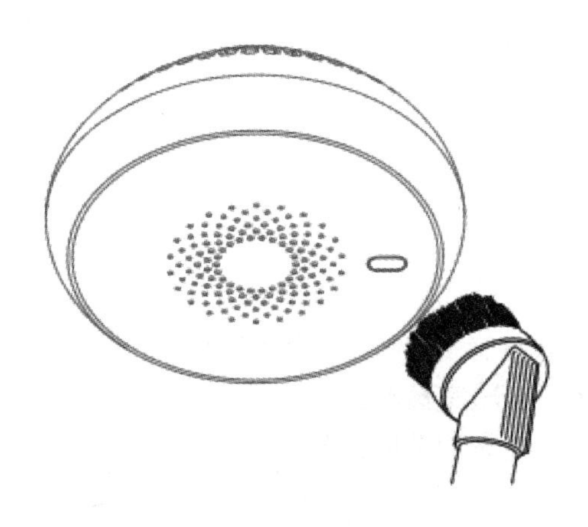

图 5-4-2　清洁烟雾报警器

注意：切勿使用溶剂或清洁剂清洗烟雾报警器，它会渗透到报警器内可能导致传感器或电路损坏，此时可使用棉布或海绵擦拭。 请不要用涂料、颜料等涂抹烟雾报警器，这样可能会阻碍进烟口，影响报警器正常工作。

（3）避免误报：由于烟雾报警器是通过检测可燃气体和烟雾来触发警报，因此要避免在厨房、浴室或者可能产生气味和烟雾的地方安装。

（4）安装位置：烟雾报警器应该安装在天花板上，距离墙壁不少于 0.5 米，避免直接照射太阳光等光源。

4）测试和焊接环境

（1）测试一般在常温环境下进行，个别元件在不同的气温条件下测试阻值可能会得到不同的结果（如温度传感器），将测试结果与其他完好的元件对比即可。

（2）焊接时，不同的电路板材料、元器件要求的温度不同，因此需要控制合适的温度，温度过高或过低都会影响焊接的质量。一般来说，烙铁焊接电路板需要的适宜温度为 250℃ ~300℃。

5）元件及材料的选择

（1）选择可靠的元件和电路模块，如经过检测的温度传感器、控制板等，确保更换完后能正常使用。

（2）选择表面光亮无氧化的无铅焊锡，以免造成焊接困难，影响电路性能。

6）注意事项

（1）焊接完，应保证电路板上整洁干净、无灰尘、无锡渣残留，以免影响电路板性能。

（2）电烙铁使用后应在烙铁头上留一部分锡，避免烙铁头因长时间没有使用导致氧化不吃锡。电烙铁用完应及时关闭开关或拔掉电源，防止不小心烫伤。

（3）拆下来的元件应单独放置，避免与正常的元件混放。

7）安全与防护

（1）在检测及焊接过程中，应严格遵守安全操作规程，避免触电、烫伤等事故发生。

（2）对于需要通电测试的部分，应在确保安全的前提下进行操作，避免短路或过载。

（3）对于可能产生高温的部分，应采取相应的防护措施，保护操作人员的安全。

（4）在安装、移动、清洁或检修烟雾报警器前，注意断开外部电源。

（5）在安装烟雾报警器前，详细阅读使用说明书。

（6）所有接线必须符合国家标准。

（7）严格按照说明书操作烟雾报警器。

8）记录与文档

（1）在维修过程中，应详细记录每一步的操作和测试结果，以便于后续维护和故障排查，如表 5-4-1 所示。

（2）维修完成后，应整理相关工具和材料，方便后续使用和管理。

表 5-4-1　问题记录表

<table>
<tr><td colspan="4">问题记录表</td></tr>
<tr><td>名　称</td><td></td><td>型　号</td><td></td></tr>
<tr><td>报修人员</td><td></td><td>报修日期</td><td></td></tr>
<tr><td>故障描述</td><td colspan="3"></td></tr>
<tr><td>具体原因</td><td colspan="3"></td></tr>
<tr><td colspan="4">维修情况
（以下相关内容需填写）</td></tr>
<tr><td>维修人员</td><td></td><td>维修日期</td><td></td></tr>
<tr><td>故障分析</td><td colspan="3"></td></tr>
<tr><td>解决方案</td><td colspan="3"></td></tr>
<tr><td>更换配件</td><td colspan="3"></td></tr>
<tr><td>功能测试</td><td colspan="3"></td></tr>
</table>

4 任务准备

（1）准备工具及材料：维修前准备好电烙铁、螺丝刀、斜口钳、镊子、万用表等工具，准备焊接材料（无铅焊锡）以及质量可靠的传感器和电路模块。

（2）安全防护用品：根据测试及焊接需求，准备相应的安全防护用品，如绝缘手套、静电服等。

（3）维修手册和调试说明书：获取维修手册和调试说明书，以便在维修过程中参考和遵循。

5 工作计划

以小组讨论的形式进行组内任务分工，发挥小组成员的特长，通过协作完成任务，并完成表 5-4-2。

表 5-4-2　烟雾报警器部件维修与调试任务分配计划表

类 别	任务名称	负责人	完成时间	工具设备
1				
2				
3				
4				
5				
6				

6 任务实施

（1）烟雾报警器无任何反应。解决方案：

① 检查电池正负极是否接反，若接反请按正确方向安装。

② 查看电池弹片是否虚焊导致无法通电，若虚焊则补焊即可。

③ 控制板问题，更换控制板。

（2）按键没反应。解决方案：按键损坏，更换按键。

（3）烟雾报警器间歇性发出提示音。解决方案：电池电量低，及时更换电池。

（4）无火灾报警。解决方案：尝试将烟雾报警器移至其他地方。

（5）无烟报警。解决方案：可能是烟雾报警器检查室有灰尘，尝试清理烟雾报警器。

7 任务检查

检查所有的表格是否填写完毕，所有仪器是否整理到位，将检测过程中出现的问题与培训师进行沟通，并把所获得的结论记录在表 5-4-3 中。

表 5-4-3　烟雾报警器部件维修与调试任务检查表

类 别	检测类型	检查点	是否正常（√）	备 注
1	自检测试	根据说明按自检键 4 秒，查看指示灯状态是否正常	□ 是 □ 否	此检查用于判断报警器是否能正常工作
2	无线连接	将烟雾报警器与网关进行组网，打开防护罩测试手机是否能收到报警器被拆开的提醒信息	□ 是 □ 否	此项测试用于确保设备无线连接功能及防拆报警正常工作
3	校正与调试	将烟雾或环境温度升高到一定阈值，检测烟雾报警器是否报警	□ 是 □ 否	此项测试用于确保烟雾报警器正常工作

将检测中出现的异常现象通过团队讨论给出解决方案，并简要记录在下方。

____

____

8　任务评价

在表 5-4-4 中自评在团队中的表现。

表 5-4-4　自评

自我评价成绩：____

项 目	标 准	等 级		
		优 5 分	良 4 分	一般 3 分
职业素养	完全遵守实训室管理制度和作息制度			
	积极主动查阅资料，与团队成员沟通、讨论并解决老师布置的问题			
	准时参加团队活动，并为此次活动建言献策			
	能够在团队意见不一致时，用得体的语言提出自己的观点			
	在团队工作中，积极帮助团队其他成员完成任务			
专业知识	掌握烟雾报警器的工作原理及核心部件			
	掌握烟雾报警器的维修方法			
	掌握烟雾报警器的日常维护			
	掌握烟雾报警器调试测试的核心要点及方法			
专业技能	学会使用烟雾报警器的工作原理及核心部件的作用			
	学会使用烟雾报警器及操控设备运行			
	能够独立发现烟雾报警器的故障和排查故障			
	能够独立完成烟雾报警器通过网关与手机互联			
	能够独立完成对烟雾报警器故障原因的分析			
	能够独立使用工具检测烟雾报警器的故障			

（1）在项目推进过程中，与团队成员之间的合作是否愉快？原因是什么？

____

____

（2）本任务完成后，认为个人还可以从哪些方面改进，以使后面的任务完成得更好？

____

____

（3）如果团队得分是 10 分，请评价个人在本次任务完成中对团队的贡献度(包括团队合作、课前资料准备、课中积极参与、课后总结等)，并打出分数，说明理由。

分数：__________ 理由：________________________________

项目6

空气质量检测装置应用与维护

任务1 构造与应用

1 学习目标

（1）能够描述产品的基本原理、功能、特点及优势。

（2）阐述空气质量检测装置在现代领域中的应用。

（3）能够识别空气质量检测装置的构造，熟悉各模块元件在产品中的作用及相互关联。

2 任务描述

本任务要求学员分组搜集关于空气质量检测设备的资料，包括基本概念、发展历程、应用场景、市场现状，结合老师的讲解，通过实物观察，了解空气质量检测设备的构造、工作原理及应用技术，并分组讨论空气质量检测设备的特点，同时准备简短报告进行分享。在老师的指导下进行学习总结和评价。

3 知识储备

1）空气质量检测设备的基本概念

空气质量检测设备又称新风智能控制器，它可以检测室内空气质量和室内外环境参数，如 CO_2 浓度、温度、湿度等。新风智能控制器是调节室内空气温度和湿度的重要设备，它对结构、特性、控制原理、节能减排以及安全性都具有很高的要求。

2） 空气质量检测设备的构造

新风智能控制器一般由电源板、控制板、传感器、按键、显示屏和外壳组成，如图 6-1-1 所示。

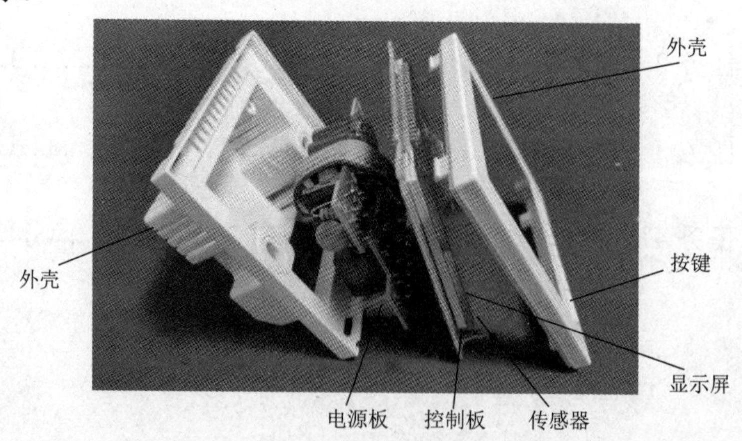

图 6-1-1 新风智能控制器的组成

（1）外壳：这是一种通用 86 型外壳，可以装在普通家用 86 型接线槽内，可以保护内部电路板、传感器等关键元件，防止灰尘进入设备内部，从而保证设备的稳定性和耐用性。同时外壳也能防止意外撞击和物理损伤，确保设备在复杂的工作环境中正常运行。

（2）电源板：它将外部输入的220V交流电通过降压、整流、滤波产生控制板所需的直流电，保证控制板的正常工作。同时接收来自控制板的控制信号，使电源板上的低、中、高三挡对应的继电器闭合，控制对应挡位的输出。

（3）控制板：它是整个系统智能化的关键部件，控制着整个系统的开关，可以手动或自动调节系统的运行状态，通过各个传感器监测到的数据来调节室内的温度、湿度、空气质量，从而维持室内的舒适性。

（4）传感器：它是温控设备的核心部件，就像我们的眼睛，可以感知周围环境的温度、湿度、空气质量的变化。

（5）按键、显示屏：它俩组合起来可称为人机交互界面，用户可通过它们查看或设置温度、湿度、空气质量、时间、运行状态等信息。当设备出现故障时，显示屏可以显示错误信息，帮助用户快速识别问题并进行处理。

3）空气质量检测设备的应用场景

空气质量检测设备能够根据传感器测量的室内空气温度、湿度和空气质量，通过控制电路调节执行器的运行，以调节室内空气的温度、湿度和空气质量。空气质量检测设备能够实时监测室内温度、湿度、CO_2，内置的空气质量传感器能够检测VOC浓度（氨气、甲醛、苯、二甲苯、氢气、一氧化碳、甲烷、甘烷、苯乙烯、丙二醇、酚等）有机挥发气体，以及木材、纸张、香烟燃烧产生的烟雾等数十种气体；广泛应用于住宅、商业、农业、医疗及工业等场合，能有效改善空气品质，创造健康、舒适、高效、环保、节能的生活工作环境，如图6-1-2所示。

空气质量检测装置的应用

图6-1-2　空气质量检测设备的应用领域

（1）家庭应用，场景如图6-1-3所示。

① 空调：控制室内温度，在夏季能享受到清凉，在冬季能感受到温暖。

② 冰箱：确保冷藏室和冷冻室的温度适宜，保持食物的新鲜。

③ 洗衣机：在烘干衣物时，确保烘干温度适度，避免衣物受损。

④ 热水器：控制水温，让人们在洗澡和洗碗时都能享受到舒适的水温。

⑤ 新风系统：控制新风机的启动及转速，保持室内空气清新。

⑥ 风扇：可根据室内温度智能地自动控制风速。

图 6-1-3　家庭应用

（2）工业应用。

① 石化、冶金：对冶炼环境温度进行精确控制，确保生产安全和产品质量。

② 热处理：控制加热和冷却过程，以满足金属材料的热处理要求。

③ 玻璃制造：控制玻璃熔炼和成型的温度，确保玻璃的质量。

④ 机房：满足降温和节能的需求，保证设备正常运行。

⑤ 电池热管理：利用风冷或液冷技术，控制电池工作温度，确保电池安全。

⑥ 电子产品：对电子芯片进行散热，保证整个设备的高效运行。

（3）农业应用。

① 温室：控制温室内的温度，为植物提供适宜的生长环境，场景如图 6-1-4 所示。

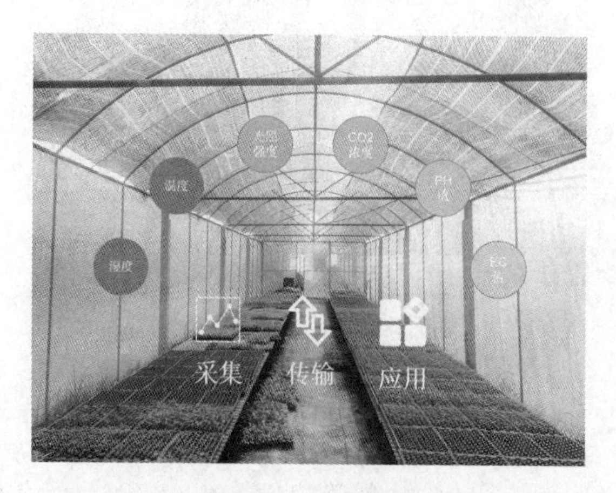

图 6-1-4　农业应用

② 畜牧养殖：控制饲养环境的温度，提高畜禽的生产效益。

（4）医疗应用。

① 手术室：控制手术室内的温度，确保手术顺利进行。

② 体外循环设备：控制恒温水箱的温度，为体外循环提供支持。

③ 药品储存、运输：确保药品在储存和运输过程中处于适宜的温度环境，保证药品质量。

4）空气质量检测设备的优点

（1）智能化控制：可以通过手机 App 或遥控器等方式进行远程控制，方便快捷，可以随时随地进行调节。

（2）温度感应：空气质量检测设备可以感应室内温度，保持室内温度舒适稳定。

（3）节能环保：空气质量检测设备可以根据室内温度自动调节风速，避免了长时间高功率运行，节约用电，减少能源消耗。

（4）多功能：空气质量检测设备不仅可以进行普通的风速调节，还可以设置定时开关、自然风模式、睡眠模式等多种功能，满足不同用户的需求，如图 6-1-5 所示。

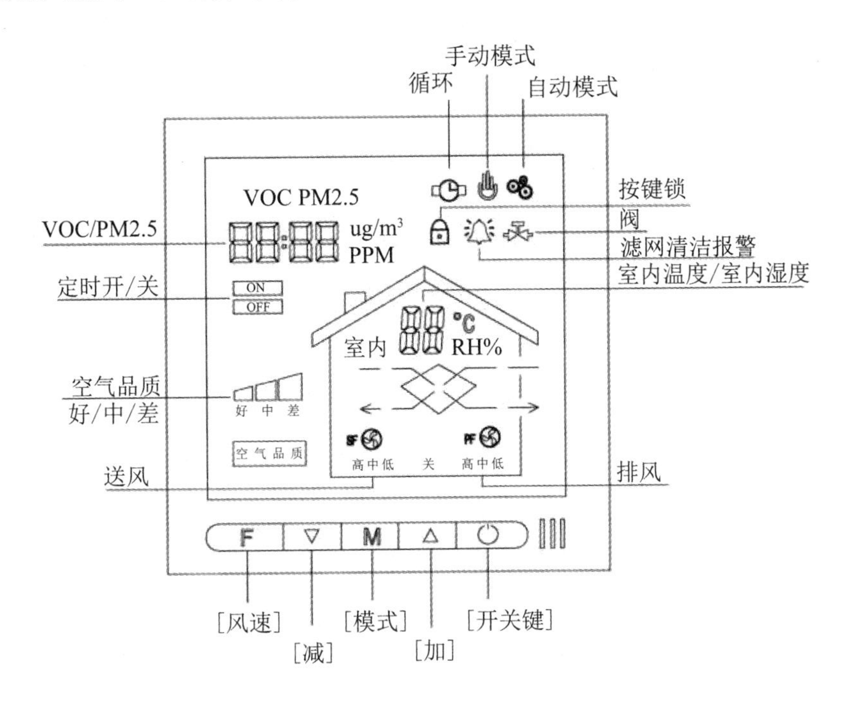

图 6-1-5 多功能空气质量检测系统

5）产品的功能特点

空气质量检测装置的特点

① 显示室内温度、湿度、空气质量。

② 控制风机三速转换。

③ 参数及状态掉电记忆。

④ 背光灯（无操作 20 秒后熄灭）。

⑤ 液晶显示。

6）空气质量检测设备的工作原理

空气质量检测设备的原理是基于传感器、控制器和执行器协同工作。其中传感器负责感知环境中的各种参数，包括温度、湿度、空气质量等，并将采集到的数据传输给控制器。控制器根据预设的逻辑和算法对传感器数据进行分析和处理，然后下达指令给执行器。执行器根据控制器的指令调节风机的运行状态，保持室内空气的新鲜和舒适。

（1）在控制系统中，传感器的选择至关重要。不同的传感器能够感知不同的参数，如温湿度传感器可以感知到室内的温度和湿度情况，空气质量传感器可以检测室内空气中的污染物浓度。通过合理配置不同类型的传感器，可以全面了解室内环境的情况，为控制系统提供准确的数据支持。

（2）空气质量检测设备的控制器作为控制系统的核心，承担着决策和控制的功能。它不仅需要具备强大的数据处理能力，还需要具备智能化的算法和逻辑，能够根据实时的环境数据做出及时的调节决策。通过不断学习和优化算法，控制器可以不断提升系统的性能和稳定性，保证新风机系统的可靠运行。

（3）执行器是控制系统的执行部分，负责根据控制器的指令来实现对系统的调节控制。执行器通常包括电机、风阀等设备，根据接收到的信号来控制风机的启停、调节风量等。

综上所述，空气质量检测设备是建立在传感器、控制器和执行器之间的协同工作基础上的。通过精密的数据采集、处理和执行过程来实现室内空气质量的监测和调节，为用户提供舒适健康的室内环境。控制系统的不断创新和优化将促进新技术的发展，使其在节能环保和用户体验方面取得更大的进步。

4 任务准备

（1）实物和物料：准备空气质量检测设备的物料表和实物，以便加深对空气质量检测设备构造的理解。

（2）相关资料：对知识盲点进行查阅，如元件的作用、应用领域等。

（3）产品说明书：加强对空气质量检测设备基本功能的理解及应用。

5 工作计划

以小组讨论的形式进行组内任务分工，发挥小组成员的特长，通过协作完成任务，并完成表 6-1-1。

表 6-1-1 空气质量检测设备的构造与应用任务分配计划表

类 别	任务名称	负责人	完成时间	工具设备
1				
2				
3				
4				
5				
6				

6 任务实施

（1）当空气质量检测设备用于智能调节新风系统时，新风机属于系统中的哪个部分？

____

____

（2）空气质量检测设备由哪些部分组成？

____

____

（3）空气质量检测设备控制新风系统有哪些优点？

____

____

（4）叙述空气质量检测设备的主要功能。

____

____

（5）叙述空气质量检测设备的工作原理。

____

____

7 任务检查

检查所有的表格是否填写完毕，所有仪器是否整理到位，将检测过程中出现的问题与培训师进行沟通，并把所获得的结论记录在表 6-1-2 中。

表 6-1-2 空气质量检测设备的构造与应用任务检查表

类 别	检测类型	检查点	是否掌握（√）	备 注
1	构造	对空气质量检测设备的外观、内部构造熟练掌握	□ 是 □ 否	
2	应用领域	了解空气质量检测设备的应用领域，理解空气质量检测设备在各个领域中的作用	□ 是 □ 否	
3	工作原理	掌握空气质量检测设备的工作原理，熟悉其在控制系统中与其他设备的关联	□ 是 □ 否	
4	基础功能与优点	了解空气质量检测设备的主要功能，会查看上面的参数并能够设置，了解其相比传统温控器的优点	□ 是 □ 否	

将检测中出现的异常现象通过团队讨论给出解决方案，并简要记录在下方。

____

____

8 任务评价

在表 6-1-3 中自评在团队中的表现。

表 6-1-3 自评

自我评价成绩：____

项 目	标 准	等 级		
		优 5 分	良 4 分	一般 3 分
职业素养	完全遵守实训室管理制度和作息制度			
	积极主动查阅资料，与团队成员沟通、讨论并解决老师布置的问题			
	准时参加团队活动，并为此次活动建言献策			
	能够在团队意见不一致时，用得体的语言提出自己的观点			
	在团队工作中，积极帮助团队其他成员完成任务			
专业知识	认识空气质量检测设备的基本构造			
	掌握空气质量检测设备的工作原理			
	掌握空气质量检测设备的应用场景			
	掌握空气质量检测设备相比传统温控器的优势			
专业技能	学会使用空气质量检测设备在生活中的应用			
	能够讲述空气质量检测设备在应用领域中的作用			
	能够独立举例应用了空气质量检测设备原理的产品			
	能够独立叙述空气质量检测设备控制新风机的工作原理			

（1）在项目推进过程中，与团队成员之间的合作是否愉快？原因是什么？

____

____

（2）本任务完成后，认为个人还可以从哪些方面改进，以使后面的任务完成得更好？

____

____

（3）如果团队得分是 10 分，请评价个人在本次任务完成中对团队的贡献度 (包括团队合作、课前资料准备、课中积极参与、课后总结等)，并打出分数，说明理由。

分数：__________ 理由：______________________________

任务2 产品组装

1 学习目标

（1）能够阐述空气质量检测装置基本组成和工作原理，理解各部件的功能和相互关联。

（2）能够应用组装技巧，按照标准操作流程和安全规范进行设备的组装。

（3）具备分析和解决问题的能力，能够分析组装过程中的常见故障并采取相应的解决措施。

（4）具备团队协作能力，能通过互助完成项目任务。

2 任务描述

本任务要求学员在了解空气质量检测设备的构造和工作原理的基础上，按照规定的步骤和方法完成设备的组装。学员需熟悉设备组装所需的工具、材料和安全操作规程，确保组装过程顺利进行，并对组装完成的设备进行基本的功能测试和安全性检查。

3 知识准备

1）空气质量检测设备的基本构成

空气质量检测设备的主要部件包括温度传感器、湿度传感器、VOC 传感器、控制板及电源板，如图 6-2-1 所示。

空气质量检测装置的构造

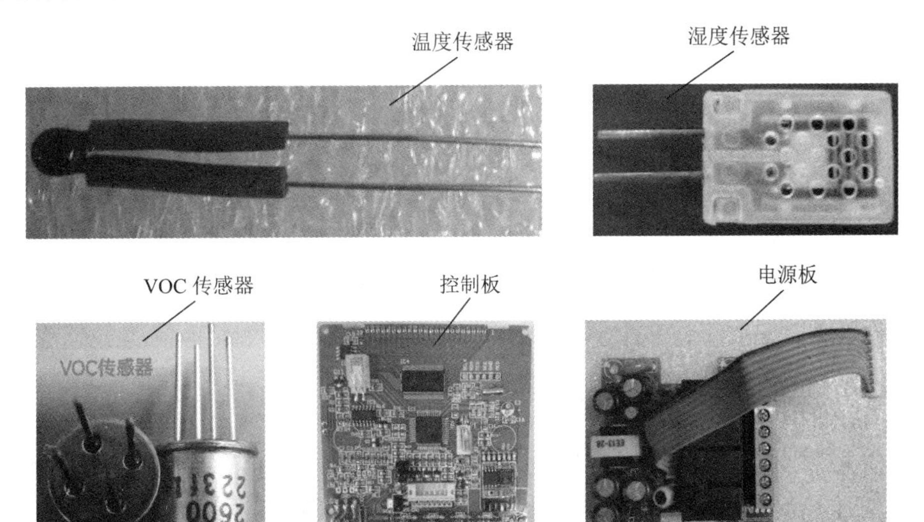

图 6-2-1 空气质量检测设备的构成

2）核心部件的作用和工作原理

3）组装流程和规范

学习空气质量检测设备组装的标准操作流程，包括组装顺序、连接方法等，并了解相关的安全规范和注意事项。

（1）工作环境与散热。

① 确保组装环境温度在设备规定的工作范围内，避免高温或低温对设备性能产生影响。

② 保持工作区域空气流通，以便于散热，防止设备过热导致性能下降或损坏。

③ 注意焊接温度不宜过高，正常在 250℃ ~300℃；焊接时间不宜过长，每次控制在 3s 内。温度过高或焊接时间过长都有可能导致元器件损坏。

（2）熟悉设备结构与功能。

① 在组装前，应详细阅读设备的使用说明和技术文档，了解各部件的功能、接线方式和安装要求。

② 熟悉功能开关的切换逻辑以及接线端子的定义，避免接错线或颠倒顺序等基础错误。

（3）正确选择与使用材料。

① 选择质量可靠的电源线、焊锡和其他关键部件，确保它们符合设备的规格要求。

② 避免使用不合格或已损坏的部件，以免对设备的性能和稳定性造成影响。

（4）注意接线与安装。

① 接线时应按照设备说明书或接线图进行，确保连接正确、牢固，避免虚接或短路。

② 组装过程中应注意轻拿轻放，避免对设备造成物理损伤。

③ 对于需要固定的部件，应使用合适的紧固件和工具，确保安装牢固、平稳。

（5）调试与测试。

① 在组装完成后，应进行设备的调试和测试，确保各项功能正常运行。

② 根据实际需求设定正确的控制模式，调整灵敏度和反应迟缓度，以达到最佳工作效果。

③ 记录各个时间段的测试数据，观察其波动幅度，以判定是否有异常情况出现。

（6）安全与防护。

① 在组装过程中，应严格遵守安全操作规程，避免触电、烫伤等事故发生。

② 对于需要通电测试的部分，应在确保安全的前提下进行操作，避免短路或过载。

③ 对于可能产生高温或辐射的部分，应采取相应的防护措施，保护操作人员的安全。

（7）记录与文档。

① 在组装过程中，应详细记录每一步的操作和测试结果，以便于后续维护和故障排查。

② 组装完成后，应整理相关文档和资料，方便后续使用和管理。

4 任务准备

（1）组装工具和材料：准备进行设备组装所需的工具和材料，如电烙铁、剪钳、螺丝刀、绝缘胶带、连接线等。

（2）安全防护用品：根据组装过程中的安全要求，准备相应的安全防护用品，如静电服、绝缘手套等。

（3）组装图纸和操作手册：获取设备的组装图纸和操作手册，以便在组装过程中参考和遵循。

（4）测试和检查设备：准备用于组装完成后进行功能测试和安全性检查的设备和工具，如万用表、绝缘测试仪等。

5　工作计划

以小组讨论的形式进行组内任务分工，发挥小组成员的特长，通过协作完成任务，并完成表 6-2-1。

表 6-2-1　空气质量检测设备组装任务分配计划表

类 别	任务名称	负责人	完成时间	工具设备
1				
2				
3				
4				
5				
6				

6　任务实施

根据装配流程，对产品进行组装。

空气质量检测装置的组装

（1）LCD 焊接 ：将背光源和液晶屏焊接到控制板上，贴底焊接，如图 6-2-2 所示。

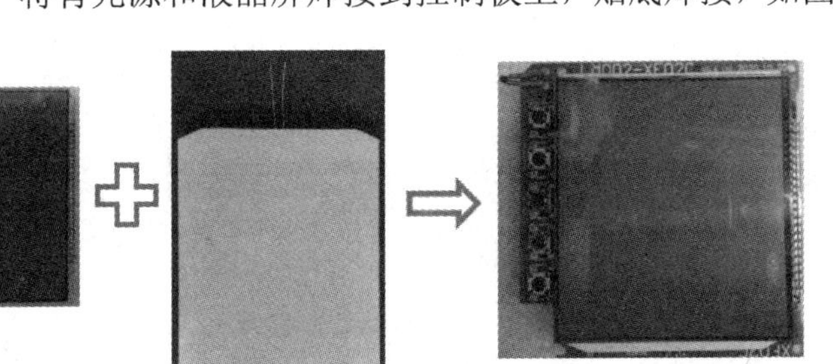

图 6-2-2　LCD 焊接

（2）温度传感器焊接：将温度传感器焊接到控制板上，如图 6-2-3 所示。

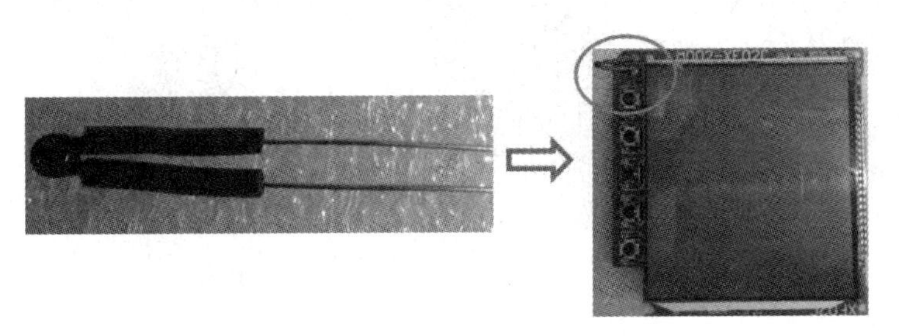

图 6-2-3　温度传感器焊接

（3）湿度传感器焊接：将湿度传感器焊接到控制板上，如图 6-2-4 所示。

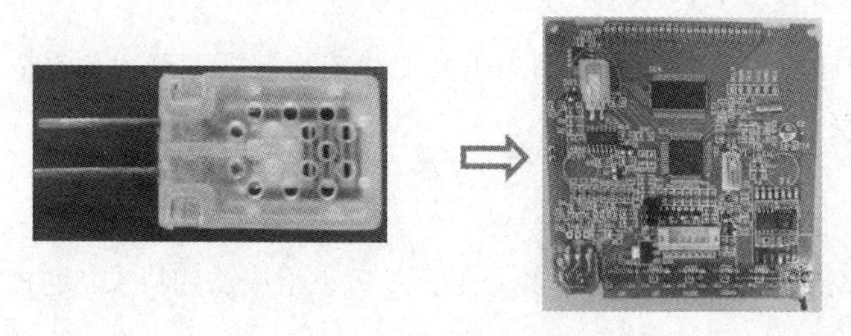

图 6-2-4　湿度传感器焊接

（4）VOC 焊接：将 VOC 传感器焊接在连接小 PCB 上，再把焊好 VOC 的 PCB 焊接到控制板上，如图 6-2-5 所示。

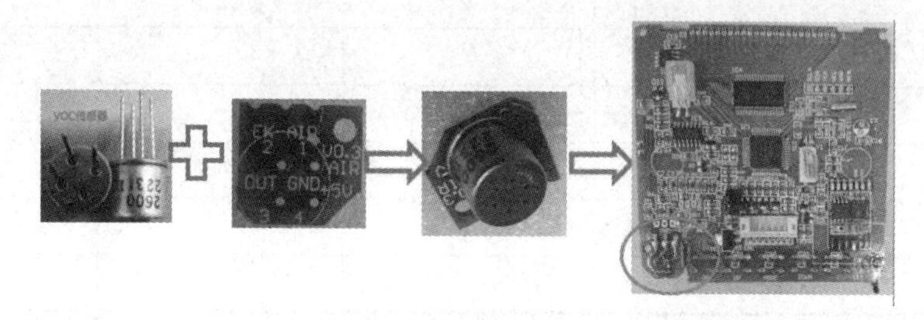

图 6-2-5　VOC 焊接

（5）控制板装配：将按键装到上壳上，将焊接好的控制板装到装好按键的上壳上，再在红色框内锁螺丝，共 4 颗，如图 6-2-6 所示。

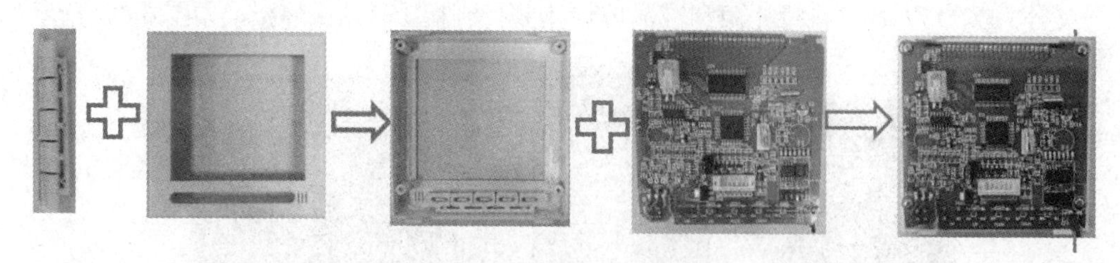

图 6-2-6　控制板装配

（6）电源板装配：将电源板安装到下壳上，再在红色框内锁螺丝，共 4 颗，如图 6-2-7 所示。

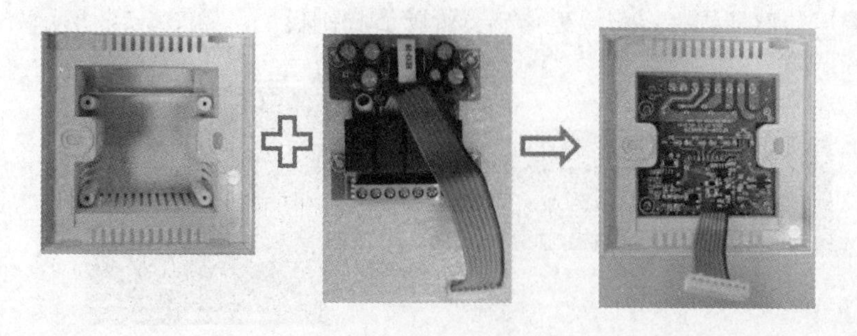

图 6-2-7　电源板装配

（7）整机装配：将装好的电源板接插件插入到控制板的连接器，再将上下壳卡扣对准后下压扣紧，如图 6-2-8 所示。

图 6-2-8　整机安装

7　任务检查

检查所有的表格是否填写完毕，所有仪器是否整理到位。将检测过程中出现的问题与培训师进行沟通，并把所获得的结论记录在表 6-2-2 中。

表 6-2-2　空气质量检测设备组装任务检查表

类 别	检测类型	检查点	是否正常（√）	备 注
1	外观检查	对温度传感器进行外观检查，确保没有物理损伤、变形或明显的制造缺陷，包括检查传感器表面是否平整，是否有划痕或凹陷等	□ 是 □ 否	
2	电气性能测试	检测传感器的电阻值、绝缘性能以及是否存在短路或断路	□ 是 □ 否	测试用于确保传感器的电气性能符合规格要求
3	温度响应测试	将传感器置于不同温度环境下，观察其输出信号是否与实际温度相符	□ 是 □ 否	此项测试用于确保传感器在各种温度条件下都能准确工作
4	校准与验证	将传感器与已知准确度的参考设备进行比对，以确保其输出信号与参考设备的读数一致	□ 是 □ 否	可以确保传感器的测量精度和可靠性

将检测中出现的异常现象通过团队讨论给出解决方案，并简要记录在下方。

____

____

____

8 任务评价

在表 6-2-3 中自评在团队中的表现。

表 6-2-3 自评

自我评价成绩：____

项 目	标 准	等 级		
		优 5 分	良 4 分	一般 3 分
职业素养	完全遵守实训室管理制度和作息制度			
	积极主动查阅资料，与团队成员沟通、讨论并解决老师布置的问题			
	准时参加团队活动，并为此次活动建言献策			
	能够在团队意见不一致时，用得体的语言提出自己的观点			
	在团队工作中，积极帮助团队其他成员完成任务			
专业知识	认识空气质量检测设备的核心部件			
	掌握空气质量检测设备核心部件的工作原理			
	掌握空气质量检测设备组装过程的安全意识			
	掌握空气质量检测设备调试测试的核心要点及方法			
专业技能	学会使用空气质量检测设备的方法			
	能够独立完成 LCD、传感器等焊接工作			
	能够独立完成空气质量检测设备的组装工作			
	能够独立完成部分元件的测试			
	能够独立讲述空气质量检测设备的主要组成部件			

（1）在项目推进过程中，与团队成员之间的合作是否愉快？原因是什么？

____

____

（2）本任务完成后，认为个人还可以从哪些方面改进，以使后面的任务完成得更好？

____

____

（3）如果团队得分是 10 分，请评价个人在本次任务完成中对团队的贡献度（包括团队合作、课前资料准备、课中积极参与、课后总结等），并打出分数，说明理由。

分数：__________ 理由：____________________

任务3 故障排查

1 学习目标

（1）能够阐述空气质量检测装置的工作原理。

（2）说出每个电路单元或元器件在电路板上起到的作用。

（3）能阐述日常使用空气质量检测器过程中可能遇到的问题。

（4）能够运用故障分析技能，对使用过程中遇到的故障进行分析排查。

2 任务描述

在空气质量检测设备组装及调试的过程中，难免会遇到一些不可预见的问题，导致设备不能正常工作。学员要能利用所学的空气质量检测设备构造和工作原理进行具体故障识别、排查、分析及维修，使设备能正常工作。

3 知识储备

1）了解调试或日常使用过程中可能遇到的故障

（1）开机显示屏不亮：按下开机键，电源板和控制板均能通电，但是屏幕没有显示。

（2）按键没反应：按下某个按键时没反应。

（3）温度故障：温度显示不准或显示故障码 E1。

（4）无法开机：按开关键没有开机，控制板不通电。

（5）湿度故障：湿度显示不准或显示故障码 E2。

（6）PM2.5 值故障：PM2.5 无数值显示，或显示不准。

（7）风机或风扇不工作：打开相应的挡位，风机或风扇不转。

2）熟练掌握空气质量检测设备的工作原理及构造

在故障排查前，应仔细阅读相关技术文档及说明书，熟悉空气质量检测设备的工作原理，掌握各个电路板和传感器的作用。

3）熟悉设备功能及参数设置

清楚每个参数对应的功能及含义，熟悉每个功能的设置。

4）使用安全

在使用过程中应严格遵守安全操作规程，注意防护，避免触电等事故的发生。当出现故障需要拆机排查时，应先断电，个别需要通电检查的故障，应佩戴绝缘手套，穿绝缘服。

5）文档记录

在排查故障的过程中，应记录好每个故障及其排查步骤，详细记录排查过程及测试结果。

4 任务准备

（1）故障排查的工具和材料：准备进行空气质量检测设备故障排查所需的工具和材料，如万用表、剪钳、螺丝刀、电笔、绝缘胶带、连接线等。

（2）安全防护用品：根据安全防护要求，准备相应的安全防护用品，如工作服、绝缘手套等。

（3）技术文档和使用说明书：获取空气质量检测设备的工作原理、设备的构造说明和操作手册，以便在排查故障过程中参考和遵循。

5 工作计划

以小组讨论的形式进行组内任务分工，发挥小组成员的特长，通过协作完成任务，并完成表 6-3-1。

表 6-3-1 空气质量检测设备故障排查任务分配计划表

类 别	任务名称	负责人	完成时间	工具设备
1				
2				
3				
4				
5				
6				

6 任务实施

（1）按下开机键，电源板和控制板均能通电，但是屏幕没有显示。故障分析：

① 显示屏虚焊或管脚短路。

② 显示屏坏了。

③ 控制板坏了。

（2）按下某个按键时没反应。故障分析：

① 按键虚焊或焊接短路。

② 按键损坏。

（3）温度显示不准或显示故障码 E1。故障分析：

① 系统温度校正设置不正确。

② 温度传感器焊接短路或虚焊。

③ 温度传感器损坏。

（4）按开关键没有开机，控制板不通电。故障分析：

① 外部电源零线与火线接反了或松动。

② 电源板故障或排线接触不良。

③ 控制板损坏。

（5）湿度显示不准或显示故障码 E2。故障分析：

① 湿度功能被设置关闭。

② 湿度传感器短路或虚焊。

③ 湿度传感器损坏。

（6）PM2.5 无数值显示，或显示不准。故障分析：

① VOC 功能开关被设置关闭。

② VOC 传感器短路或虚焊。

③ VOC 传感器损坏。

（7）打开相应的挡位，风机或风扇不转。故障分析：

① 风机接线不正确。

② 风机接线接触不良或松动。

③ 主控板故障。

7 任务检查

检查所有的表格是否填写完毕，所有仪器是否整理到位。将检测过程中出现的问题与培训师进行沟通，并把所获得的结论记录在表 6-3-2 中。

表 6-3-2 空气质量检测设备故障排查任务检查表

类 别	检测类型	检查点	是否正常（√）	备 注
1	外观检查	对主要元件进行外观检查，确保没有物理损伤、变形或明显的制造缺陷；检查显示屏是否破裂	□ 是 □ 否	此检查有助于判断是否因外力撞击导致设备故障
2	电气性能测试	检测电源线是否导通、检测传感器的电阻值以及是否存在短路或断路	□ 是 □ 否	测试有助于确保设备正常通电，传感器的电气性能符合规格要求
3	温湿度、空气质量响应测试	将设备与正常使用的设备置于同环境下，观察其显示的参数是否与正常使用的设备一致	□ 是 □ 否	此项测试用于确保传感器的性能正常，确保传感器的测量精度和可靠性
4	外接风机检测	将风机接到正常使用的温控设备上，检测其是否能正常工作	□ 是 □ 否	此检查可以排查是否因为温控设备故障导致风机不转

将检测中出现的异常现象通过团队讨论给出解决方案，并简要记录在下方。

____

____

____

8 任务评价

在表 6-3-3 中自评在团队中的表现。

表 6-3-3 自评

自我评价成绩：____

项目	标准	等级		
		优 5分	良 4分	一般 3分
职业素养	完全遵守实训室管理制度和作息制度			
	积极主动查阅资料，与团队成员沟通、讨论并解决老师布置的问题			
	准时参加团队活动，并为此次活动建言献策			
	能够在团队意见不一致时，用得体的语言提出自己的观点			
	在团队协作中，积极帮助团队其他成员完成任务			
专业知识	认识空气质量检测设备的故障排查方法			
	掌握空气质量检测设备核心部件的工作原理			
	掌握测试空气质量检测设备的安全方法			
	掌握空气质量检测设备调试测试的核心要点及技术说明			
专业技能	学会使用空气质量检测设备及操控设备运行			
	能够独立发现空气质量检测设备的日常故障			
	能够独立完成空气质量检测设备故障排查			
	能够独立完成空气质量检测设备故障原因的分析			
	能够独立使用工具检测空气质量检测设备故障			
	能够独立完成空气质量检测设备电源接线及外接风机接线			

（1）在项目推进过程中，与团队成员之间的合作是否愉快？原因是什么？

____

____

（2）本任务完成后，认为个人还可以从哪些方面改进，以使后面的任务完成得更好？

____

____

（3）如果团队得分是 10 分，请评价个人在本次任务完成中对团队的贡献度 (包括团队合作、课前资料准备、课中积极参与、课后总结等)，并打出分数，说明理由。

分数：__________ 理由：______________________________

任务4　部件维修与调试

1　学习目标

（1）能够阐述空气质量检测装置的构造和工作原理。

（2）掌握空气质量检测装置的使用及调试技巧。

（3）能够应用故障排查分析方法进行故障分析及处理。

（4）能够运用维修技巧及检测工具对故障进行维修。

2　任务描述

本任务要求学员在熟练掌握空气质量检测设备的构造和工作原理后，能够快速精准地识别空气质量检测设备在使用及调试过程中出现的故障，并能分析故障及对故障进行维修处理。通过小组学员的协作，能应用检测维修设备所需的工具、材料，在确保安全的情况下对设备进行检测及维修。在老师的指导下进行工作总结和评价。

3　知识准备

1）调试

（1）根据按键操作说明进行查看及设置，如表 6-4-1 所示。

表 6-4-1　按键操作说明

按键操作	功能说明
开关键	开关机状态切换
风速键	风速状态切换：低 — 中 — 高 — 关
加键	室内温 / 湿度显示切换及其他情况下数值调整
减键	时钟 / PM2.5 显示切换及其他情况下数值调整
模式键	工作模式切换：手动 — 自动 — 定时循环
长按模式键＋开关键 6s	按键上锁、解锁
长按风速键 3s	进入时钟设置模式
开机状态长按开关键 3s	阀开关状态切换
关机状态长按开关键 3s	进入工程师模式
长按模式键 6s	进入定时开关机设定
长按加键或减键	对正在进行设置的数值快速增加或减小
关机状态长按模式键和减键	恢复出厂设置

（2）根据工程师模式说明进行调试。关机状态下，长按开关键 3 秒进入工程师模式，系统设置菜单如表 6-4-2 所示。

表 6-4-2　系统设置菜单

代 码	功 能	范 围	默认值
01	VOC 灵敏度调整	-9~9	0
02	温度校正选择	-9~9℃	0
03	PM2.5 数值校准	-50~50℃	0
04	PM2.5 开关选择	On/Off	Off
05	VOC 开关选择	On/Off	On
06	湿度开关选择	On/Off	On
07	滤网报警时间设置	100~5000	2000（小时）
08	风机累计开启时间	0~9000	0（小时）
09	循环模式开机分钟	1~240	20
10	循环模式关机分钟	1~240	20

（3）接线：在外部电源切断的情况下，根据控制器背部接线图将外部电源的零线和火线分别接到控制器背部的零线和火线的位置（注意别接反），风机的零线和火线分别接到控制器背部的零线和高、中、低位置的其中一个，如图 6-4-1 所示。

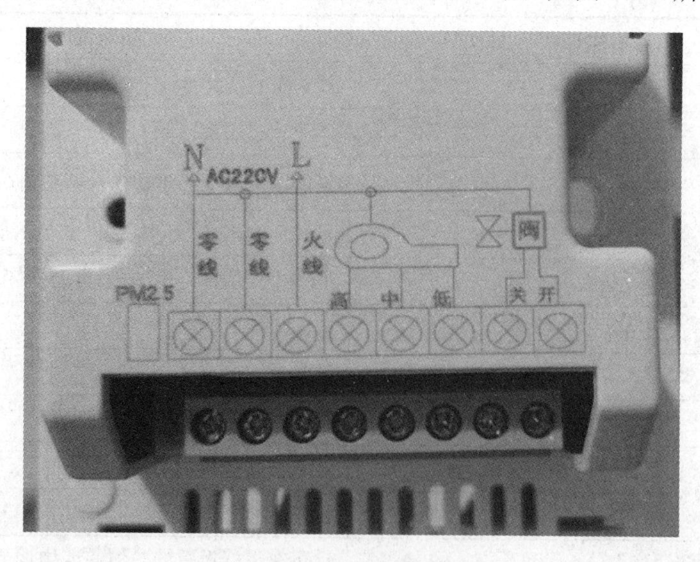

图 6-4-1　接线

（4）开始测试前，详细阅读设备使用说明书。

（5）打开设备开关，查看屏幕显示是否正常，温湿度及 VOC 数值是否准确（可跟正常的设备做对比），风机是否正常运转，风机运行速度是否可调。

2）测试和焊接环境

（1）测试一般在常温环境下进行，个别元件在不同的气温条件下测试阻值可能会得到不同的结果（如温度传感器），将测试结果与其他完好的元件对比即可。

（2）焊接时，不同的电路板材料、元器件要求的温度不同，因此需要控制合适的温度，温度过高或过低都会影响焊接的质量。一般来说，烙铁焊接电路板需要的适宜温度为250℃~300℃。

3）元件及材料的选择

（1）选择可靠的元件和电路模块，如经过检测的温度传感器、湿度传感器、控制板、电源板、显示屏等，确保更换完之后能正常使用。

（2）选择表面光亮无氧化的无铅焊锡，以免造成焊接困难，影响电路性能。

4）注意事项

（1）焊接完，应保证电路板整洁干净、无灰尘、无锡渣残留，以免影响电路板性能。

（2）电烙铁使用后应在烙铁头上留一部分锡，避免烙铁头因长时间没有使用导致氧化不吃锡。电烙铁用完应及时关闭开关或拔掉电源，防止不小心烫伤。

（3）拆下来的元件应单独放置，避免与正常的元件混放。

5）安全与防护

（1）在检测及焊接过程中，应严格遵守安全操作规程，避免触电、烫伤等事故发生。

（2）对于需要通电测试的部分，应在确保安全的前提下进行操作，避免短路或过载。

（3）对于可能产生高温的部分，应采取相应的防护措施，保护操作人员的安全。

（4）在安装、移动、清洁或检修空气质量检测设备前，注意断开外部电源。

（5）在安装空气质量检测设备前，请详细阅读使用说明书。

（6）所有接线必须符合国家标准。

（7）严格按照说明书操作空气质量检测设备。

6）记录与文档

（1）在维修过程中，应详细记录每一步的操作和测试结果，以便于后续维护和故障排查，如表6-4-3所示。

（2）维修完成后，应整理相关工具和材料，方便后续使用和管理。

表 6-4-3　问题记录表

问题记录表			
名　称		型　号	
报修人员		报修日期	
故障描述			
具体原因			
维修情况 （以下相关内容需填写）			
维修人员		维修日期	
故障分析			
解决方案			
更换配件			
功能测试			

4　任务准备

（1）准备工具及材料：维修前准备好电烙铁、螺丝刀、斜口钳、镊子、万用表等工具，准备焊接材料（无铅焊锡）以及质量可靠的传感器和电路模块。

（2）安全防护用品：根据测试及焊接需求，准备相应的安全防护用品，如绝缘手套、静电服等。

（3）维修手册和调试说明书：获取维修手册和调试说明书，以便在维修过程中参考和遵循。

5 工作计划

以小组讨论的形式进行组内任务分工，发挥小组成员的特长，通过协作完成任务，并完成表 6-4-4。

表 6-4-4 空气质量检测设备部件维修与调试任务分配计划表

类 别	任务名称	负责人	完成时间	工具设备
1				
2				
3				
4				
5				
6				

6 任务实施

（1）显示屏不显示。解决方案：

① 查看显示屏管脚是否存在虚焊、漏焊或短路，若存在则用电烙铁将虚焊、漏焊的管脚补焊或将短路的管脚断开。

② 尝试更换显示屏。

③ 更换控制板。

（2）按下某个按键时没反应。解决方案：

① 检测控制板上的按键管脚是否存在虚焊或短路，若存在则用电烙铁将其补焊或断路。

② 判断按键是否损坏。万用表打开蜂鸣挡，两根表笔分别放在按键上下两根管脚上，按下按键看万用表是否有蜂鸣声，有蜂鸣声则表示按键完好，否则损坏。

（3）温度显示与实际温度不符或显示故障码 E1。解决方案：

① 关机状态下，长按开关键 3 秒进入工程模式，选择模式代码 02 进入温度校正模式，正常默认值为 0℃，若数值不是 0℃，则将其改为 0℃，可参考说明书上的工程师模式说明进行操作。

② 查看控制板温度传感器位置是否虚焊，若虚焊用电烙铁补焊即可。

③ 判断温度传感器是否损坏，可将温度传感器拆下（不拆下测量不准），用万用表欧姆挡测量温度传感器两脚之间的阻值，再与正常的温度传感器做对比，阻值太大或太小都会使温度显示不准。

（4）无法开机。解决方案：

① 检查外部电源零线和火线是否接反或松动。

② 检查电源板排线与控制板是否连接完好或接触不良。

③ 判断是否是电源板问题，可将电源板接到可正常使用的控制板上，若能正常开机则表示电源板完好。判断是否是控制板问题也可用同样的方式测试。

（5）湿度无显示、显示 E2 或显示不准。解决方案：

① 进入工程师模式，选择 06 查看湿度开关是否打开（参考说明书），若在 Off 状态，则将其切换到 On 状态。

② 查看控制板上湿度传感器的焊接是否存在短路或虚焊，若存在则用电烙铁将其补焊或断路。

③ 如何判断湿度传感器的好坏：先肉眼观察其外观是否破损，再用测温度传感器的方法测试对比，以此来判断传感器的好坏。

（6）VOC 不显示或显示不准。解决方案：

① 正常通电几分钟后才会显示，几分钟后仍无显示，可进入工程师模式查看 VOC 开关是否打开（参考说明书）。

② 查看主控板 VOC（见图 6-4-2）是否存在虚焊或短路，若存在则用电烙铁将其补焊或断路。

图 6-4-2　主控板 VOC

③ 判断 VOC 传感器的好坏，用万用表直流电压挡测量 VOC 模块输入端是否有 5V。若输入端有 5V，输出端 OUT 为 0V，则 VOC 模块损坏，若无 5V 输入或有 5V 输入，输出端 OUT 也有电压（约 1.5V 左右），则是主控板问题。

（7）风机不转或风速不可调节。解决方案：

① 查看调节挡位是否与风机输出接线端对应，如风机接地线和零线，则应调至低挡风机才会运行。

② 检查风机接线是否正确、是否松动。

③ 将风机接到正常的设备上，检查风机是否能正常使用。

7　任务检查

检查所有的表格是否填写完毕，所有仪器是否整理到位。将检测过程中出现的问题与培训师进行沟通，并把所获得的结论记录在表 6-4-5 中。

表 6-4-5　空气质量检测设备部件维修与调试任务检查表

类 别	检测类型	检查点	是否正常（√）	备 注
1	接线	对空气质量检测设备进行接线通电，使其可正常开机，可控制执行器工作（如风扇）	□ 是 □ 否	
2	性能测试和调试	开机查看各项数据是否正常，数据有偏差时是否能调整	□ 是 □ 否	测试用于确保设备正常通电，传感器的电气性能符合规格要求
3	故障维修	当出现故障时，及时分析故障原因，结合故障处理方法精准维修，保证设备正常运行	□ 是 □ 否	此项测试用于确保传感器的性能正常，以及确保传感器的测量精度和可靠性
4	外接风机检测	将风机接到正常使用的空气质量检测设备上，检测是否能正常工作	□ 是 □ 否	此项可以排查是否因为空气质量检测设备故障导致的风机不转

将检测中出现的异常现象通过团队讨论给出解决方案，并简要记录在下方。

___

8　任务评价

在表 6-4-6 中自评在团队中的表现。

表 6-4-6　自评

自我评价成绩：____

项 目	标 准	等 级		
		优 5 分	良 4 分	一般 3 分
职业素养	完全遵守实训室管理制度和作息制度			
	积极主动查阅资料，与团队成员沟通、讨论并解决老师布置的问题			
	准时参加团队活动，并为此次活动建言献策			
	能够在团队意见不一致时，用得体的语言提出自己的观点			
	在团队工作中，积极帮助团队其他成员完成任务			
专业知识	认识空气质量检测设备的核心部件			
	掌握空气质量检测设备核心部件的工作原理			
	掌握空气质量检测设备组装过程的安全意识			
	掌握空气质量检测设备调试测试的核心要点及方法			
专业技能	学会使用空气质量检测设备			
	能够独立焊接 LCD 屏、传感器等元件			
	能够独立完成对空气质量检测设备故障原因的分析			
	能够独立使用工具检测空气质量检测设备的故障			
	能够独立对空气质量检测设备进行维修			

（1）在项目推进过程中，与团队成员之间的合作是否愉快？原因是什么？

____

____

（2）本任务完成后，认为个人还可以从哪些方面改进，以使后面的任务完成得更好？

____

____

（3）如果团队得分是 10 分，请评价个人在本次任务完成中对团队的贡献度 (包括团队合作、课前资料准备、课中积极参与、课后总结等)，并打出分数，说明理由。

分数：__________ 理由：________________________________

智能温控设备的应用与维护

任务1 构造与应用

1 学习目标

（1）能够阐述智能温控设备的基本概念及优点。
（2）能够识别智能温控设备基本构造及各组成部分的作用。
（3）能够描述智能温控设备工作原理以及在温度控制领域的广泛应用。

2 任务描述

本任务要求学员分组搜集关于智能温控设备的资料，包括基本概念、发展历程、应用场景、市场现状，结合教师的讲解，通过实物观察，了解智能温控设备的构造、工作原理及应用技术，并分组讨论智能温控设备相比传统设备的优势，同时准备简短报告进行分享。在老师的指导下进行学习总结和评价。

3 知识储备

1）什么是智能温控设备

智能温控设备是一种可以控制室内温度的智能设备，其主要作用是人们在室内活动时使室内温度保持在适宜的范围内。它通过传感器对室内温度进行监测，并根据预设的参数自动调节空气循环设备或者制热设备，以达到控制室内温度的目的。

2）智能温控设备的构造

智能温控设备一般由电源板、控制板、传感器、人机交互界面和外壳组成。其中人机交互界面包含显示屏和触摸按键，如图 7-1-1 所示。

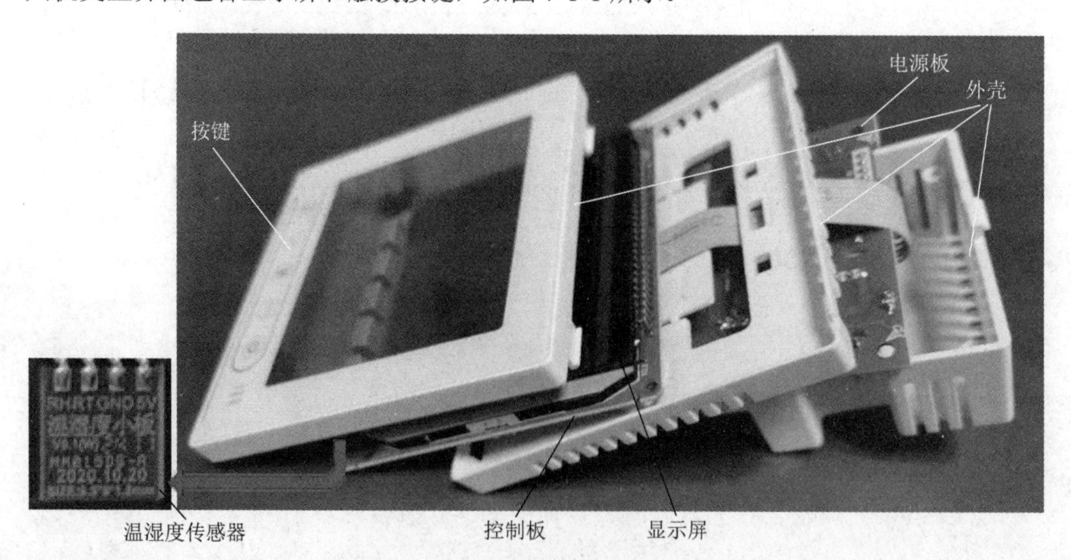

图 7-1-1　智能温控设备的构造

（1）外壳：这是一种通用 86 型外壳，可以装在普通家用 86 型接线槽内，用于保护内部电路板、传感器等关键部件，防止灰尘进入设备内部，从而保证设备的稳定性和耐用性。同时外壳也能防止意外撞击和物理损伤，确保设备在复杂的工作环境中正常运行。

（2）电源板：它将外部输入的220V交流电通过降压、整流、滤波产生控制板所需的直流电，保证控制板的正常工作。同时接收来自控制板的挡位控制信号，调整输出电压来控制设备的工作状态。

（3）控制板：它是整个系统智能化的关键部件，控制着整个系统的开关，可以手动或自动调节系统的运行状态，也可以连接Wi-Fi，通过手机App远程控制系统的运行。

（4）传感器：用来检测周围环境的温度、湿度变化，通过控制板处理后显示到用户界面。

（5）人机交互界面：由显示屏和触摸按键组成。用户可通过人机交互界面查看或设置温湿度、时间、运行状态等信息。当设备出现故障时，显示屏可以显示错误信息，帮助用户快速识别问题并进行处理。

3）智能温控设备的工作原理

智能温控设备能够设置不同挡位，通过调节电路中的控制元件，改变电路输出的电压值，从而控制风扇或风机的转速。其中的传感器负责感知室内空气温度、湿度的变化，将采集到的数据传输给MCU。而MCU根据预设的逻辑和算法对传感器数据进行分析和处理，通过控制电路调节输出电压值，实现智能调节风扇或风机转速，以调节室内空气的温度、湿度。

4）智能温控设备的优点

（1）智能化控制：可以通过手机App或遥控器等方式进行远程控制，方便快捷，可以随时随地进行调节，如图7-1-2所示。

图7-1-2　通过手机App远程控制温控设备

（2）温度感应：智能温控设备可以感应室内温度，并根据温度变化自动调节风速，保持室内温度舒适稳定。

（3）节能环保：智能温控设备可以根据室内温度自动调节风速，避免了长时间大功率运行，节约用电，减少能源消耗。

（4）多功能：智能温控设备不仅可以进行普通的风速调节，还可以设置定时开关、自然风模式、睡眠模式等多种功能，满足不同用户的需求。

5）智能温控设备的应用

智能温控系统控制与应用

智能温控设备可以用来控制多种设备运行，例如吊扇、排气扇、暖风机等，如图 7-1-3 所示，配合不同设备使用时其作用不同。在夏季，用来控制吊扇可以带来舒适的空气流动，通过空气对流的方式让室内空气更加流畅，降低室内温度，比使用空调节能更环保。在冬季，用来控制暖风机可以提高室内温度，控制室内湿度。用来控制排气扇时，可以将室内的废气、热气排出室外，达到降低温度和空气流通的效果。

图 7-1-3　智能温控设备

智能温控设备用来控制吊扇是最常见的应用之一，不同的场景下都有着很广泛的应用。比如家庭、商业场所（酒店、餐厅、商场等）、工业场所（生产车间、仓库等）、公共场所（学校、办公室、医院等），选择合适的吊扇可以起到节能降温、增加空气流通等作用。智能温控设备用来控制排气扇，在厨房、卫生间及空气不流通的环境中，排出油烟和异味，使空间保持空气清新，可以用于家庭、学校、酒店、医院及仓库等场所。智能温控设备用来控制暖风机时，适合用在没有暖气的南方，给冬天带来一份温暖，可用于家庭、学校、酒店、商场等场所。

4　任务准备

（1）实物和物料：准备温控设备的物料表和实物，以便加深对温控设备构造的理解。

（2）相关资料：对知识盲点进行查阅，如元件的作用、应用领域等。

（3）产品说明书：加强对温控设备基本功能的理解及应用。

5　工作计划

以小组讨论的形式进行组内任务分工，发挥小组成员的特长，通过协作完成任务，并完成表 7-1-1。

表 7-1-1　智能温控设备构造与应用任务分配计划表

类 别	任务名称	负责人	完成时间	工具设备
1				
2				
3				
4				
5				
6				

6　任务实施

（1）智能温控设备包含哪些配件？

（2）智能温控设备控制风扇的工作原理是什么？

（3）列举 3 个智能温控设备控制排气扇的应用场景。

（4）智能温控设备有哪些优点？

7　任务检查

检查所有的表格是否填写完毕，所有仪器是否调整到位，将检测过程中出现的问题与培训师进行沟通，并把所获得的结论记录在表 7-1-2 中。

表 7-1-2　智能温控设备构造与应用任务检查表

类 别	检测类型	检查点	是否掌握（√）	备 注
1	构造	对智能温控设备的外观、内部构造熟练掌握	□ 是 □ 否	
2	应用和作用	了解智能温控设备的应用，理解温控设备在各个场景中的作用	□ 是 □ 否	
3	工作原理	掌握温控设备的工作原理，熟悉其在控制系统中与其他设备的关联	□ 是 □ 否	
4	优点	掌握智能温控设备的优点	□ 是 □ 否	

8 任务评价

在表 7-1-3 中自评在团队中的表现。

表 7-1-3 自评

自我评价成绩：____

项 目	标 准	等 级		
		优 5分	良 4分	一般 3分
职业素养	完全遵守实训室管理制度和作息制度			
	积极主动查阅资料，与团队成员沟通、讨论并解决老师布置的问题			
	准时参加团队活动，并为此次活动建言献策			
	能够在团队意见不统一时，用得体的语言提出自己的观点			
	在团队工作中，积极帮助团队其他成员完成任务			
专业知识	认识智能温控设备的基本概念			
	掌握智能温控设备的基本构造及其组成部分的作用			
	掌握智能温控设备的工作原理			
	掌握智能温控设备的应用场景			
专业技能	能够阐述智能温控设备在生活中的应用			
	能够讲述智能温控设备的优点			
	能够独立讲述智能温控设备的内部构造			
	能够独立叙述智能温控设备控制风扇的工作原理			

（1）在项目推进过程中，与团队成员之间的合作是否愉快？原因是什么？

____

____

（2）本任务完成后，认为个人还可以从哪些方面改进，以使后面的任务完成得更好？

____

____

（3）如果团队得分是 10 分，请评价个人在本次任务完成中对团队的贡献度（包括团队合作、课前资料准备、课中积极参与、课后总结等），并打出分数，说明理由。

分数：__________ 理由：______________________________

任务2 产品组装

1 学习目标

（1）能够阐述智能温控设备的基本组成和工作原理，理解各部件的功能和相互关联。

（2）能够应用组装技巧，按照标准操作流程和安全规范进行设备的组装。

（3）能够识别组装过程中的常见故障并采取相应的解决措施

（4）具备分析问题和解决问题的能力。

2 任务描述

本任务要求学员在了解智能温控设备的构造和工作原理的基础上，按照规定的步骤和方法完成智能温控设备的组装。学员需熟悉设备组装所需的工具、材料和安全操作规程，确保组装过程顺利进行，并对组装完成的设备进行基本的功能测试和安全性检查。小组成员在老师的指导下进行工作总结和评价。

3 知识准备

1）智能温控设备的基本构成

智能温控设备由温湿度传感器板、 控制板、电源板、导电棉和外壳组成。

智能温控设备的基本构造

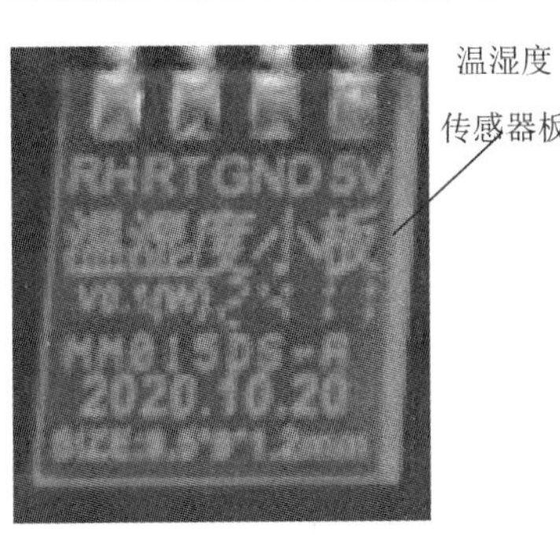

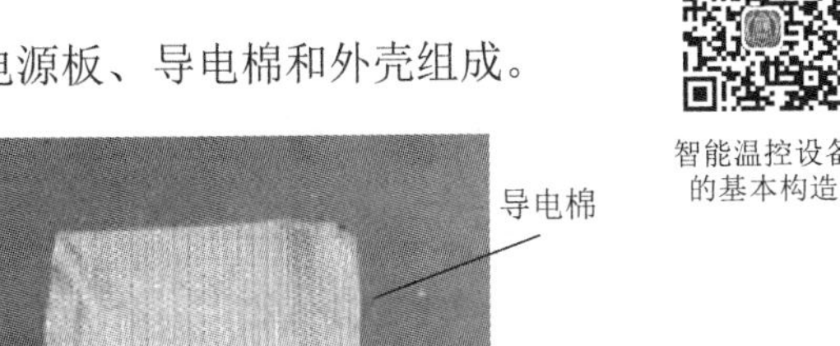

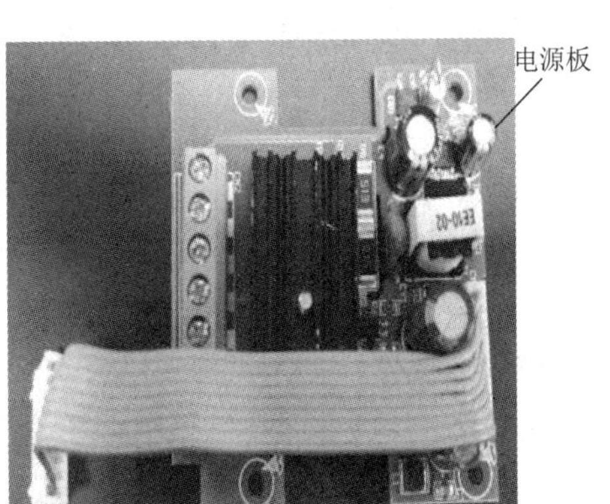

图 7-2-1 智能温控设备的基本组成

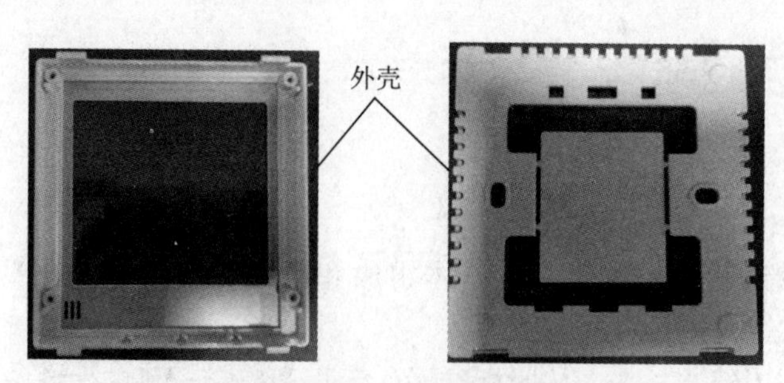

图 7-2-1　智能温控设备的基本构成（续）

2）核心部件的作用和工作原理

3）组装流程和规范

智能温控设备组装的标准操作流程，包括组装顺序、连接方式等，并了解相关的安全规范和注意事项。

（1）工作环境与散热。

① 确保组装环境温度在设备规定的工作范围内，避免高温或低温对设备性能造成影响。

② 保持工作区域空气流通，以便于散热，防止设备过热导致性能下降或损坏。

③ 注意焊接温度不宜过高，正常在 250℃ ~300℃；焊接时间不宜过长，每次控制在 3s 内。温度过高或焊接时间过长，都有可能导致元器件损坏。

（2）熟悉设备结构与功能。

① 在组装前，应详细阅读设备的使用说明和技术文档，了解各部件的功能、接线方式和安装要求。

② 熟悉功能开关的切换逻辑以及接线端子的定义，避免接错线或颠倒顺序等基础错误。

（3）正确选择与使用材料。

① 选择质量可靠的电源线、焊锡和其他关键部件，确保它们符合设备的规格要求。

② 避免使用不合格或已损坏的部件，以免对设备的性能和稳定性造成影响。

（4）注意接线与安装。

① 接线时应按照设备说明书或接线图进行，确保连接正确、牢固，避免虚接或短路。

② 组装过程中应注意轻拿轻放，避免对设备造成物理损伤。

③ 对于需要固定的部件，应使用合适的紧固件和工具，确保安装牢固、平稳。

（5）调试与测试。

① 在组装完成后，应进行设备的调试和测试，确保各项功能正常运行。

② 根据实际需求设定正确的控制模式（如正 / 反比），调整灵敏度和反应迟缓度，以达到最佳工作效果。

③ 记录各个时间段的测试数据，观察其波动幅度，以判定是否有异常情况出现。

（6）安全与防护。

① 在组装过程中，应严格遵守安全操作规程，避免触电、烫伤等事故发生。

② 对于需要通电测试的部分，应在确保安全的前提下进行操作，避免短路或过载。

③ 对于可能产生高温或辐射的部分，应采取相应的防护措施，保护操作人员的安全。

（7）记录与文档。

① 在组装过程中，应详细记录每一步的操作和测试结果，以便于后续维护和故障排查，详见任务检查表和问题记录表。

② 组装完成后，应整理相关文档和资料，方便后续使用和管理。

4 任务准备

（1）组装工具和材料：准备进行温控设备组装所需的工具和材料，如电烙铁、剪钳、螺丝刀、绝缘胶带、连接线等。

（2）安全防护用品：根据组装过程中的安全要求，准备相应的安全防护用品，如静电服、绝缘手套等。

（3）组装图纸和操作手册：获取温控设备的组装图纸和操作手册，以便在组装过程中参考和遵循。

（4）测试和检查设备：准备用于组装完成后进行功能测试和安全性检查的设备和工具，如万用表、绝缘测试仪等。

5 工作计划

以小组讨论的形式进行组内任务分工，发挥小组成员的特长，通过协作完成任务，并完成表 7-2-1。

表 7-2-1 智能温控设备组装任务分配计划表

类 别	任务名称	负责人	完成时间	工具设备
1				
2				
3				
4				
5				
6				

6 任务实施

（1）温湿度板焊接：将温湿度板焊接到控制板上，贴底焊接，如图 7-2-2 所示。

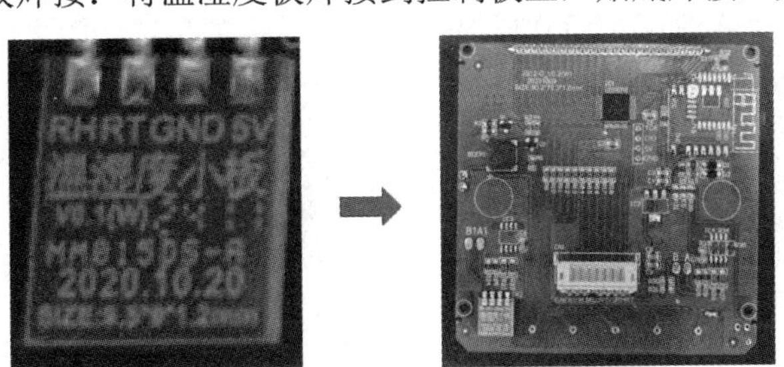

图 7-2-2 温湿度板焊接

智能温控设备的组装

（2）导电棉安装：分别将5块导电棉撕开背胶，贴到控制板显示屏下方的方框上，如图7-2-3所示。

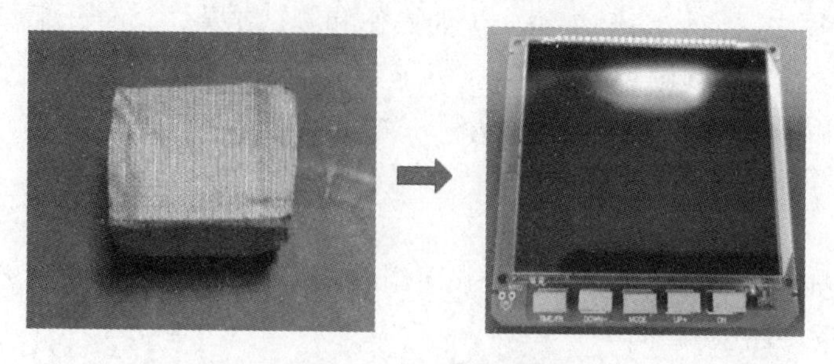

图7-2-3　导电棉安装

（3）前壳组装：将贴好导电棉的控制板卡入前壳，锁上4颗螺丝。

（4）电源板组装：将电源板的接线端子朝后壳缺口方向卡到后壳上，锁上4颗螺丝，如图7-2-4所示。

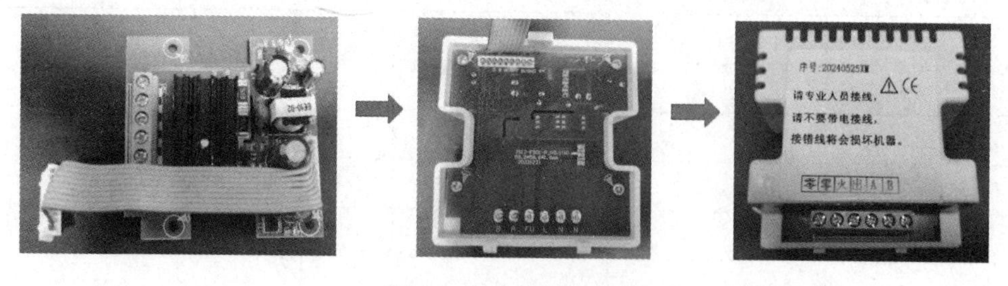

图7-2-4　电源板组装

（5）中框组装：将装好电源板的后壳卡入中框，排线从中框前面穿出，注意卡扣的方向，如图7-2-5所示。

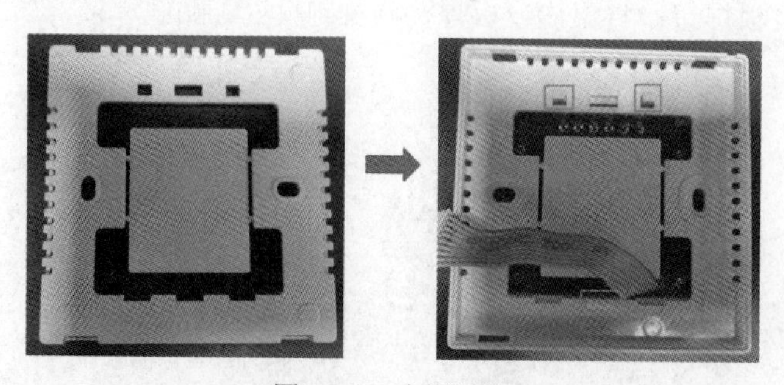

图7-2-5　中框组装

（6）整机装配：将装好的电源板接插件插入到控制板的连接器，再将上下壳卡扣对准后下压扣紧，如图 7-2-6 所示。

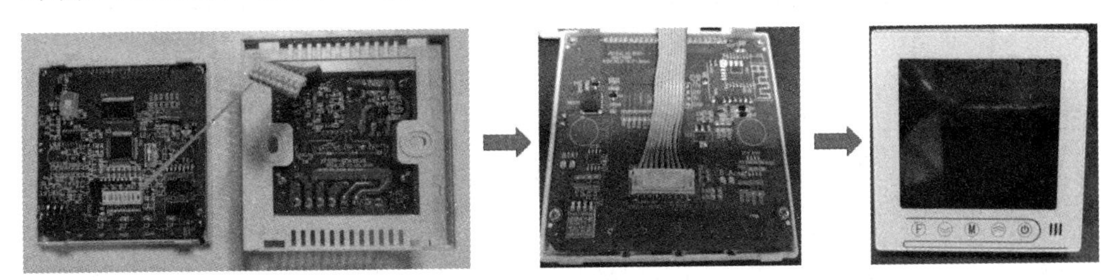

图 7-2-6　整机装配

7　任务检查

检查所有的表格是否填写完毕，所有仪器是否调整到位，将检测过程中出现的问题与培训教师进行沟通，并把所获得的结论记录在表 7-2-2 中。

表 7-2-2　智能温控设备组装任务检查表

类 别	检测类型	检查点	是否正常（√）	备 注
1	外观检查	对智能温控设备进行外观检查，确保没有物理损伤、变形或明显的制造缺陷，包括检查设备表面是否平整，是否有划痕或凹陷等	□ 是 □ 否	此检测可避免因外力撞击导致设备出现故障，影响使用
2	电气性能测试	检测设备的电阻值、绝缘性能以及是否存在短路或断路	□ 是 □ 否	测试用于确保设备的电气性能符合规格要求
3	温湿度响应测试	将设备置于不同温度环境下，观察其显示值是否与实际温湿度值相符	□ 是 □ 否	此项测试有助于确保设备在各种温度条件下都能准确工作
4	校准与验证	通常将设备与已知准确度的参考设备进行比对，以确保其输出信号与参考设备的读数一致	□ 是 □ 否	可以确保设备的测量精度和可靠性

将检测中出现的异常现象通过团队讨论给出解决方案，并简要记录在下方。

____

____

____

8　任务评价

在表 7-2-3 中自评在团队中的表现。

表7-2-3　自评

自我评价成绩：____

项目	标准	等级		
		优 5分	良 4分	一般 3分
职业素养	完全遵守实训室管理制度和作息制度			
	积极主动查阅资料，与团队成员沟通、讨论并解决老师布置的问题			
	准时参加团队活动，并为此次活动建言献策			
	能够在团队意见不一致时，用得体的语言提出自己的观点			
	在团队工作中，积极帮助团队其他成员完成任务			
专业知识	认识智能温控设备的核心部件			
	掌握智能温控设备的组装技巧			
	培养智能温控设备组装过程的安全意识			
	掌握智能温控设备调试测试的核心要点及方法			
专业技能	学会完整的智能温控设备组装工作			
	能够独立焊接温湿度传感器板			
	能够独立完成智能温控设备的接线及使用			
	能够独立完成智能温控设备的测试工作			

（1）在项目推进过程中，与团队成员之间的合作是否愉快？原因是什么？

____

____

（2）本任务完成后，认为个人还可以从哪些方面进行改进，以使后面的任务完成得更好？

____

____

（3）如果团队得分是10分，请评价个人在本次任务完成中对团队的贡献度(包括团队合作、课前资料准备、课中积极参与、课后总结等)，并打出分数，说明理由。

分数：__________　理由：________________________________

任务3　故障排查

1　学习目标

（1）能够阐述智能温控设备的工作原理，熟悉每个电路单元或元器件在电路板上起到的作用。

（2）能够说出在日常使用智能温控设备过程中可能遇到的问题。

（3）能够运用故障分析技能，对使用过程中遇到的故障进行分析排查。

2　任务描述

在智能温控设备组装及调试的过程中，难免会遇到一些不可预见的问题，导致控制器不能正常工作。学员能用所学的智能温控设备构造和工作原理进行具体故障的识别、排查、分析，保障后期能够实现精准维修，消除故障，使设备正常工作。

3　知识储备

1）智能温控设备的功能

（1）实时检测周围环境的温湿度，并以数字的形式显示在显示屏上。

（2）6挡位调节风扇或风机。

（3）可设置定时参数，能对智能开关定时定挡。

（4）无线连接，App远程控制开关，调节挡位。

（5）App设置模式，可根据温度变化智能调节挡位。

（6）星期和时间显示及设置。

（7）可有线连接，通过485通信控制设备运行。

2）智能温控设备面板功能介绍，如图7-3-1所示。

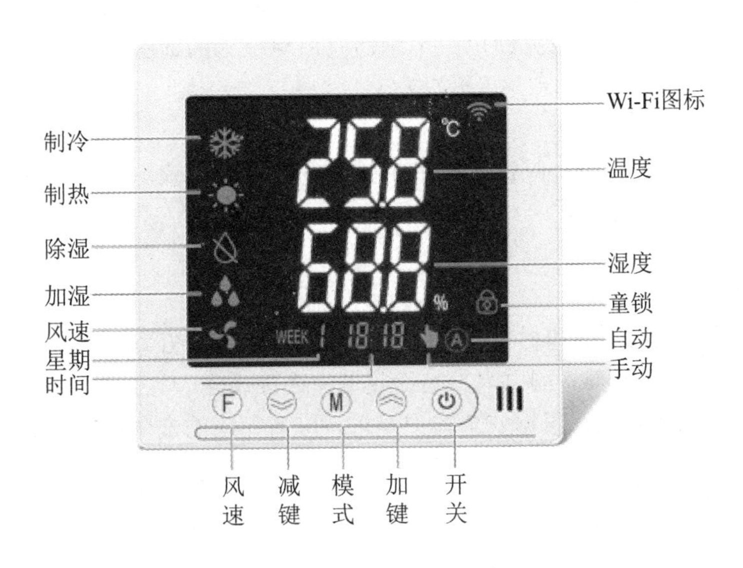

图7-3-1　智能温控设备面板

按键：SET 键、减键、模式键 M、加键、开关键（从左到右）。

按键功能如表 7-3-1 所示。

表 7-3-1　按键功能

按键名称	按键功能
开关键 ⏻	切换工作状态：开机 / 关机
加减键 ▲▼	调节参数，可长按进行快速加减操作
模式键 M	切换工作模式：手动 / 编程
关机下，长按 SET 键 3 秒	进入时钟设置功能
长按模式键 M + 开关键 3 秒	按键上锁 / 解锁
关机下，长按模式键 M 3 秒	进入工程师设置功能
开机下，长按模式键 M 3 秒	进入编程设置功能
关机，长按 M 键 + 减键 6 秒	进行参数恢复出厂设置
关机下，长按开关键 6 秒	进入背光亮度调节功能
开机下，长按 F 键 6 秒	进入 Wi-Fi 配网模式

3）常见故障

（1）开机显示屏不亮：按开关键，电源板和控制板均能通电，但是屏幕没有显示。

（2）按键没反应：触控按键时没反应。

（3）温度、湿度故障：温度、湿度显示不准确。

（4）无法开机：按开关键没有开机，控制板不通电。

（5）风扇不工作：调至 1~6 挡位，风扇不转。

4）使用安全

在使用过程中应严格遵守安全操作规程，注意防护，避免触电等事故发生。当出现故障需要拆机排查时，应先断电；个别需要通电检查的故障，应佩戴绝缘手套，穿绝缘服。

5）文档记录

在排查故障的过程中，应记录好每个故障及其排查步骤，详细记录排查过程及测试结果，详见问题记录表。

4　任务准备

（1）故障排查的工具和材料：准备进行智能温控设备故障排查所需的工具和材料，如万用表、剪钳、螺丝刀、测电笔、绝缘胶带、连接线等。

（2）安全防护用品：根据安全防护要求，准备相应的安全防护用品，如静电服、绝缘手套等。

（3）技术文档和使用说明书：获取智能温控设备的工作原理、设备的构造说明和操作手册，以便在排查故障过程中参考和遵循。

5　工作计划

以小组讨论的形式进行组内任务分工，发挥小组成员的特长，通过协作完成任务，并完成表 7-3-2。

表 7-3-2　智能温控设备故障排查任务分配计划表

类 别	任务名称	负责人	完成时间	工具设备
1				
2				
3				
4				
5				
6				

6　任务实施

（1）开机显示屏不亮：按开关键，电源板和控制板均能通电，但是屏幕没有显示。故障分析：

① 显示屏虚焊或管脚短路。

② 显示屏损坏。

③ 控制板损坏。

（2）按键没反应：触控按键时没反应。故障分析：

① 按键虚焊或焊接短路。

② 按键损坏。

（3）温度、湿度故障：温度、湿度显示不准。故障分析：

① 温度、湿度校正设置不正确。

② 温湿度传感器板焊接短路或虚焊。

③ 温湿度传感器板损坏。

（4）无法开机：按开关键没有开机，控制板不通电。故障分析：

① 外部电源零线与火线接反或松动。

② 电源板故障或排线接触不良。

③ 控制板损坏。

（5）风扇不工作：调至1~6挡位，风扇不转。故障分析：

① 风扇接线不正确。

② 风扇接线接触不良或松动。

③ 主控板故障。

7 任务检查

检查所有的表格是否填写完毕，所有仪器是否整理到位。将检测过程中出现的问题与培训师进行沟通，并把所获得的结论记录在表7-3-3中。

表7-3-3 智能温控设备故障排查任务检查表

类 别	检测类型	检查点	是否正常（√）	备 注
1	外观检查	对智能温控设备进行外观检查，确保没有物理损伤、变形或明显的制造缺陷；检查显示屏是否破裂	□ 是 □ 否	此检查用于判断是否因外力撞击导致的设备故障
2	电气性能测试	检测电源线是否导通，开机测试风速是否可调	□ 是 □ 否	测试用于确保设备正常通电，设备的电气性能符合规格要求
3	温度湿度响应测试	将设备与正常使用的设备置于同环境下，观察其显示的参数是否与正常使用的设备一致	□ 是 □ 否	此项测试用于确保设备的性能正常，确保设备的测量精度和可靠性
4	外接风扇检测	将风扇接到正常使用的温控设备上，检测是否能正常工作	□ 是 □ 否	此检查可以排查是否因为温控设备故障导致风机不转

将检测中出现的异常现象通过团队讨论给出解决方案，并简要记录在下方。

____

____

____

8 任务评价

在表7-3-4中自评在团队中的表现。

表 7-3-4　自评

自我评价成绩：____

项 目	标 准	等 级		
		优 5 分	良 4 分	一般 3 分
职业素养	完全遵守实训室管理制度和作息制度			
	积极主动查阅资料，与团队成员沟通、讨论并解决老师布置的问题			
	准时参加团队活动，并为此次活动建言献策			
	能够在团队意见不统一时，用得体的语言提出自己的观点			
	在团队工作中，积极帮助团队其他成员完成任务			
专业知识	认识智能温控设备的核心部件			
	掌握智能温控设备核心部件的工作原理			
	培养智能温控设备测试过程的安全意识			
	掌握智能温控设备调试测试的核心要点及方法			
专业技能	学会使用智能温控设备及操控设备运行			
	能够独立发现设备故障			
	能够独立完成故障排查			
	能够独立完成故障原因的分析			
	能够独立使用工具检测故障			
	能够独立完成设备电源接线及外接风扇接线			

（1）在项目推进过程中，与团队成员之间的合作是否愉快？原因是什么？

____

____

（2）本任务完成后，认为个人还可以从哪些方面改进，以使后面的任务完成得更好？

____

____

（3）如果团队得分是 10 分，请评价个人在本次任务完成中对团队的贡献度（包括团队合作、课前资料准备、课中积极参与、课后总结等），并打出分数，说明理由。

分数：__________　理由：______________________________

任务 4 部件维修与调试

1 学习目标

（1）能够阐述智能温控设备的构造和工作原理。

（2）理解每个电路单元及传感器的作用，掌握温控设备的使用及调试。

（3）能够运用维修技巧及检测工具对故障进行维修。

（4）能够运用焊接技巧，了解焊接工艺对电路的影响。

（5）掌握外部设备与智能温控设备的关联。

2 任务描述

本任务要求学员在熟练掌握温控设备的构造和工作原理后，能够快速精准地识别温控设备在使用及调试过程中出现的故障，学员能用所学的智能温控设备的构造和工作原理进行具体故障问题的识别、排查、分析，以保障后续维修的精确性，使设备可以正常工作。任务完成后，由培训师带领学员进行复盘及总结。

3 知识准备

1）设备调试

（1）时间设置。

关机状态下，长按 F 键 3 秒进入时间设置。先按小时加减键调数值，再按 F 键分钟调整，然后按 F 键星期调整，最后按开关键退出设置。

（2）定时参数设置。

开机状态下，长按 M 模式键 3 秒进入编程。按 F 键切换到下一个设置项，初始 8 个时段定时表，如表 7-4-1 所示。

表 7-4-1　时段定时表

时段 1	时段 2	时段 3	时段 4	时段 5	时段 6	时段 7	时段 8	风速
6：00	8：00	10：00	12：00	15：00	18：00	20：00	22：00	0

（3）工程师参数设置。

关机状态下，长按 M 键 3 秒进入设置，短按 M 键后闪烁，可对该项调整，如表 7-4-2 所示。

表 7-4-2　工程师参数

代码	功能	范围	默认值
01	温度校正选择	-8℃ ~8℃	0℃
02	湿度校正选择	-30%~30%RH	0%RH
04	开关断电记忆	On/Off	Off
05	通信地址	1~254	1
06	通信波特率	1（2400） 2（4800） 3（9600）	3

（4）接线：在外部电源切断的情况下，根据温控设备背部接线图将外部电源的零线和火线分别接到温控设备背部的“零”和“火”的位置（注意别接反），风扇的零线和火线分别接到温控设备背部的“零”和“出”位置，如图 7-4-1 所示。

（5）开始测试前，请详细阅读温控设备使用说明书。

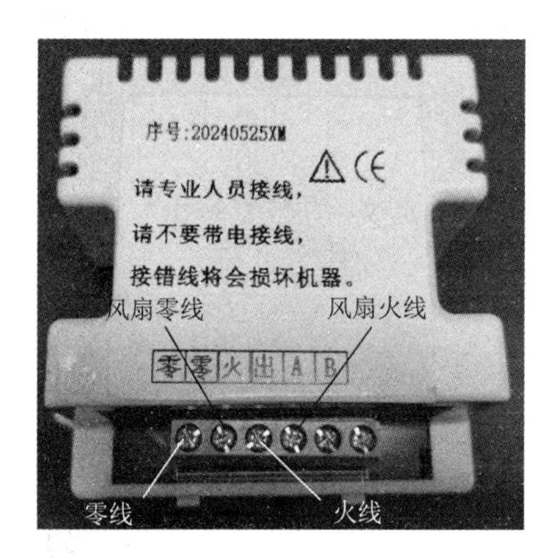

图 7-4-1 接线

（6）打开温控设备开关，查看屏幕显示是否正常，温湿度是否准确（可跟正常的温控设备做对比），风扇是否正常运转，风扇运行速度是否可调。

2）测试和焊接环境

（1）测试一般在常温环境下进行，个别元件在不同的气温条件下测试阻值可能会得到不同的结果（如温度传感器），将测试结果与其他完好的元件对比。

（2）焊接时，不同的电路板材料、元器件要求的温度不同，因此需要控制合适的温度，温度过高或过低都会影响焊接的质量。一般来说，电烙铁焊接电路板需要的适宜温度为 250℃ ~300℃。

3）元件及材料的选择

（1）选择可靠的元件和电路模块，如经过检测的温湿度传感器板、控制板、电源板、显示屏等，确保更换完之后能正常使用。

（2）选择表面光亮无氧化的无铅焊锡，以免造成焊接困难，影响电路性能。

4）注意事项

（1）焊接完，应确保电路板整洁干净、无灰尘、无锡渣残留，以免影响电路板性能。

（2）电烙铁使用后应在烙铁头上留一部分锡，避免烙铁头因长时间没有使用导致氧化不吃锡。电烙铁用完应及时关闭开关或拔掉电源，防止不小心烫伤。

（3）拆下来的元件应单独放置，避免与正常的元件混放。

5）安全与防护

（1）在检测及焊接过程中，应严格遵守安全操作规程，避免触电、烫伤等事故发生。

（2）对于需要通电测试的部分，应在确保安全的前提下进行操作，避免短路或过载。

（3）对于可能产生高温的部分，应采取相应的防护措施，保护操作人员的安全。

（4）在安装、移动、清洁或检修温控设备前，注意断开外部电源。

（5）在安装温控设备前，请详细阅读使用说明书。

（6）所有接线必须符合国家标准。

（7）严格按照说明书操作温控设备。

6）记录与文档

（1）在维修过程中，应详细记录每一步的操作和测试结果，以便于后续维护和故障排查，如表 7-4-3 所示。

（2）维修完成后，应整理相关工具和材料，方便后续使用和管理。

表 7-4-3　问题记录表

问题记录表			
名　称		型　号	
报修人员		报修日期	
故障描述			
具体原因			
维修情况 （以下相关内容需填写）			
维修人员		维修日期	
故障分析			
解决方案			
更换配件			
功能测试			

4　任务准备

（1）准备工具及材料：维修前准备好电烙铁、螺丝刀、斜口钳、镊子、万用表等工具，准备焊接材料（无铅焊锡）以及质量可靠的传感器和电路模块。

（2）安全防护用品：根据测试及焊接需求，准备相应的安全防护用品，如绝缘手套、静电服等。

（3）维修手册和调试说明书：获取维修手册和调试说明书，以便在维修过程中参考和遵循。

5 工作计划

以小组讨论的形式进行组内任务分工，发挥小组成员的特长，通过协作完成任务，并完成表 7-4-4。

表 7-4-4 智能温控设备部件维修与调试任务分配计划表

类 别	任务名称	负责人	完成时间	工具设备
1				
2				
3				
4				
5				
6				

6 任务实施

（1）开机显示屏不亮。解决方案：

① 查看显示屏管脚是否存在虚焊、漏焊或短路，若存在则用电烙铁将虚焊、漏焊的管脚补焊或将短路的管脚断开。

② 尝试更换显示屏。

（2）按键没反应。解决方案：

① 检测控制板上的导电棉是否贴歪或脱落，若存在则重新贴好。

（3）温度、湿度显示与实际温度、湿度不符。解决方案：

① 进入工程师模式查看温度、湿度并调整设置值。

② 查看控制板温湿度传感器板是否虚焊，若虚焊用电烙铁补焊即可。

（4）无法开机。解决方案：

① 检查外部电源零线和火线是否接反或松动。

② 检查电源板排线与控制板是否连接完好或接触不良。

③ 判断是否是电源板问题，将电源板接到可正常使用的控制板上，若能正常开机则电源板完好，判断是否是控制板问题也可用同样的方式测试。

（5）风扇不转。解决方案：

① 检查风扇接线是否正确、是否松动。

② 将风扇接到正常的温控设备上，检查风扇是否能正常使用。

7 任务检查

检查所有的表格是否填写完毕，所有仪器是否整理到位，将检测过程中出现的问题与培训师进行沟通，并把所获得的结论记录在表 7-4-5 中。

表 7-4-5　智能温控设备部件维修与调试任务检查表

类 别	检测类型	检查点	是否正常（√）	备 注
1	接线	对智能温控设备进行接线通电，使其可正常开机	□ 是 □ 否	
2	性能测试和调试	开机查看各项数据是否正常，数据有偏差时是否能调整	□ 是 □ 否	此项测试用于确保设备正常通电，传感器的电气性能符合规格要求
3	故障维修	当出现故障时，及时分析故障原因，结合故障处理方法精准维修，保证设备正常运行	□ 是 □ 否	此项测试用于确保传感器的性能正常，以及确保传感器的测量精度和可靠性
4	外接风扇检测	将风扇接到正常使用的温控设备上，检测其是否能正常工作	□ 是 □ 否	此检查可以排查是否因为温控设备故障导致的风机不转

将检测中出现的异常现象通过团队讨论给出解决方案，并简要记录在下方。

8　任务评价

在表 7-4-6 中自评在团队中的表现。

表 7-4-6　自评

自我评价成绩：____

项 目	标 准	等 级		
		优 5 分	良 4 分	一般 3 分
职业素养	完全遵守实训室管理制度和作息制度			
	积极主动查阅资料，与团队成员沟通、讨论并解决老师布置的问题			
	准时参加团队活动，并为此次活动建言献策			
	能够在团队意见不一致时，用得体的语言提出自己的观点			
	在团队协作工作中，积极帮助团队其他成员完成任务			
专业知识	认识智能温控设备的核心部件			
	掌握智能温控设备部件的工作原理			
	培养智能温控设备维修过程的安全意识			
	掌握智能温控设备调试测试的核心要点及方法			
专业技能	学会智能温控设备的定时设置			
	能够独立设置工程师模式			
	能够独立完成温湿度传感器板的焊接			
	能够独立完成智能温控设备的故障维修			
	能够独立完成智能温控设备和风扇的接线			
	能够独立使用手机 App 控制智能温控设备			

（1）在项目推进过程中，与团队成员之间的合作是否愉快？原因是什么？

____

____

（2）本任务完成后，认为个人还可以从哪些方面改进，以使后面的任务完成得更好？

____

____

（3）如果团队得分是10分，请评价个人在本次任务完成中对团队的贡献度（包括团队合作、课前资料准备、课中积极参与、课后总结等），并打出分数，说明理由。

分数：__________　理由：______________________________

智能门锁的应用与维护

任务1 构造与应用

1 学习目标

（1）能够阐述智能门锁的基本概念以及优点。

（2）能够识别智能门锁基本构造及各组成部分的作用。

（3）能够描述智能门锁的工作原理以及在温度控制领域的广泛应用。

2 任务描述

本任务要求学员分组搜集关于智能门锁的资料，包括基本概念、发展历程、应用场景、市场现状，结合教师的讲解，通过实物观察，了解智能门锁的构造、工作原理及应用技术，并分组讨论智能门锁相比传统门锁的优势，同时准备简短报告进行分享。在老师的指导下进行学习总结和评价。

3 知识储备

1）什么是智能门锁

智能门锁与传统门锁的区别及优势

智能门锁是电子信息技术与机械技术相结合的全新锁具品类，是在传统机械锁基础上升级改进，在用户的识别、管理、安全等方面更加智能化、便利化的锁具。智能门锁相较于传统机械锁，是具有安全性、便利性 、先进性的复合型锁具。

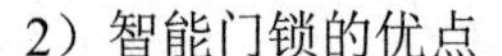

2）智能门锁的优点

（1）安全性高，有报警功能，指纹识别和人脸识别技术防止了非法进入，有效保护家庭安全。

（2）提供更加多样和安全的开锁方式，如指纹、密码、蓝牙、钥匙，临时访客还可以提供一次性生效的临时密码，配合摄像头可以实现家中无人接收快递。

（3）能够和其他的设备联动，实现家居智能场景，如开门时点亮室内灯光，出门时关闭家中部分电器。

（4）方便快捷，使用无钥匙的开锁方式，无需携带钥匙，只需轻轻一触或输入密码即可进入家门。

（5）便捷性高，可以方便地为家庭成员、朋友、家政人员等提供临时密码或者授权，不需要换钥匙。

3）智能门锁的构造

以半自动智能门锁为例，智能锁的结构由机械插芯、电子主板、指纹采集器等零部件组成，这些元件相互之间的合作赋予了智能门锁更多的智能特性，如图 8-1-1所示。

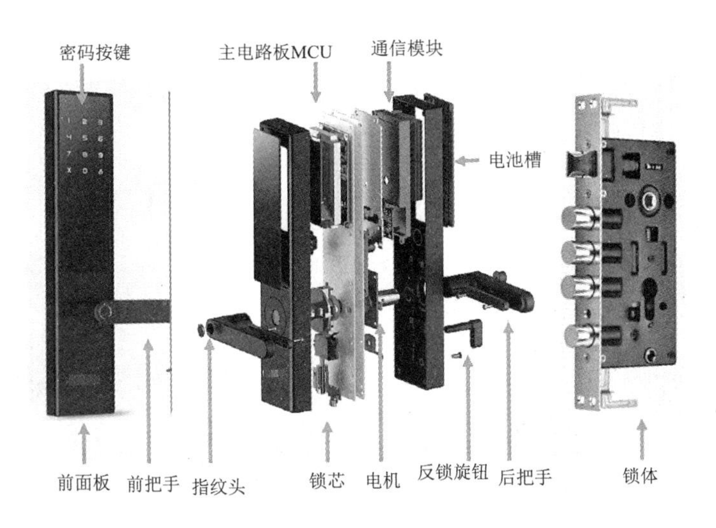

智能门锁的构造

图 8-1-1　智能门锁的构造

（1）面板：市场上智能锁面板使用的材料有锌合金、不锈钢、铝合金、塑料等。

（2）锁体：锁体的材料主要是不锈钢，但是也有铁的。锁体主要分为标准常规锁体和非标准锁体两种。

（3）主电路板（MCU）：电路板是智能锁的核心，电路板的好坏会影响智能锁的使用性能。

（4）通信模块：通过无线信号的发射和接收，使智能门锁与其他设备（如手机、计算机等）之间可以进行数据的交互和控制指令的传递。这样，用户可以通过手机等设备远程控制智能门锁的开关，实现便捷的访问和控制。

（5）电机：电机是为智能锁提供动力的部件，耗电很小。当用密码或者刷卡、指纹开锁时，都会听到电机转动一下的声音。

（6）把手：把手有长把手和圆把手两种，可以根据不同的需要选购不同的智能锁把手。

（7）键盘：智能锁的键盘通常都是利用光的反射来判断输入的，键盘光也主要分为蓝光和白光两种。一般白光的反射会比蓝光好，输入也会比较敏感。

（8）指纹头：智能锁的指纹头主要分两种，即光学指纹头和半导体指纹头。一般来说，半导体指纹头价格会高于光学指纹头，但是有些识别点数多的光学指纹头会比低档的半导体指纹头贵。

（9）锁芯：锁芯是判断一把智能锁价格的一个重要因素，因为不同级别的锁芯，安全级别是不一样的。使用超 C 锁芯的智能锁，在防止技术机械开锁上会更有保障。

（10）电池槽：目前主流的智能锁电池槽是 4 节电池。

（11）反锁旋钮：基本所有家用智能锁都配置有反锁旋钮。

4）智能门锁的工作原理

智能锁是一种基于先进技术的电子锁具，它通过集成电路、传感器、通信模块等组件，实现了智能化的开锁和管理功能，如图 8-1-2 所示。智能锁的工作原理可以分为以下几个方面。

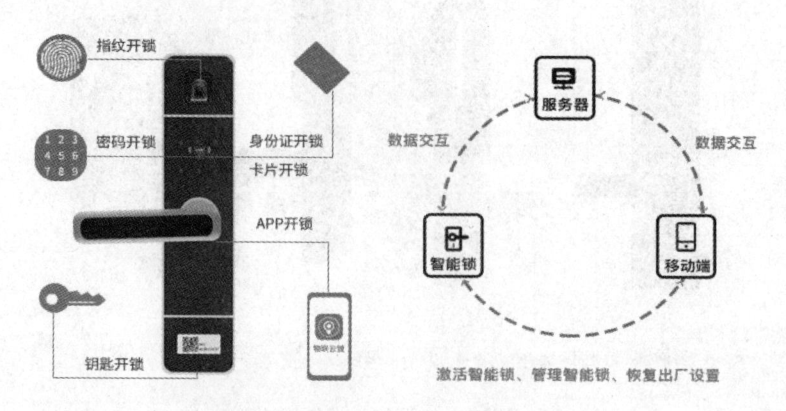

图 8-1-2　智能门锁的开锁方式

（1）电源供给：智能锁通常使用电池或者外部电源作为电源供给。电池供电的智能锁具有独立的电源系统，不受外界电力供应的限制，可以长时间工作。外部电源供给的智能锁则需要接入电力线路，通过电源适配器将电能转化为所需的工作电压。

（2）感应与识别：智能锁内部集成了各种传感器，如指纹传感器、密码键盘、RFID 读卡器等。当用户需要开锁时，可以通过指纹、密码、 IC 卡等方式进行身份验证。智能锁会将用户的身份信息与事先存储的权限信息进行比对，从而判断是否允许开锁。

（3）控制与处理：智能锁内部的集成电路负责控制和处理各种操作。当用户通过合法身份验证后，智能锁会向控制电路发送开锁指令，控制电路会相应地控制锁体的解锁机构，使锁舌脱离插座，实现开锁操作。同时，智能锁还会记录开锁的时间、身份信息等数据，以便后续的管理和查询。

（4）通信与远程控制：智能锁通常具备与外部设备进行通信的能力，可以通过无线技术（如蓝牙、Wi-Fi）与智能手机、计算机等设备进行连接。用户可以通过手机 App 或者计算机软件对智能锁进行远程控制，如开锁、查询开锁记录、设置权限等。同时，智能锁也可以接入物联网平台，实现与其他智能设备的联动，提供更加便捷的使用体验。

（5）安全保障：智能锁在设计上注重安全性能，采用了多种安全技术来保护用户的财产和隐私。例如，指纹传感器采用活体检测技术，防止被冒用；密码输入时可以采用虚拟密码技术，防止密码被偷窥；通信过程中可以使用加密算法，防止数据被窃取等。

总结起来，智能锁的工作原理是通过电源供给、感应与识别、控制与处理、通信与远程控制等多个环节的协同作用，实现了智能开锁和管理功能。它不仅提供了更加便捷、安全的开锁方式，还具备了远程控制、智能化管理等特点，为用户带来了更好的使用体验。

5）智能门锁的应用

智能门锁，作为智能家居安全领域的重要组成部分，近年来凭借其便捷性、安全性和智能化特性，得到了快速的发展。它结合了传统门锁的物理防护功能与现代电子信息技术，通过密码、指纹、人脸识别、手机 App 远程控制等多种方式实现开锁，极大地提升了用户的使用体验。智能门锁不仅改变了传统门锁的单一功能，还通过数据连接和智能算法，为用户提供了更加个性化、安全的服务，广泛用于家庭、酒店、出租房、公寓、民宿、办公、学校等场所，如图 8-1-3 所示。

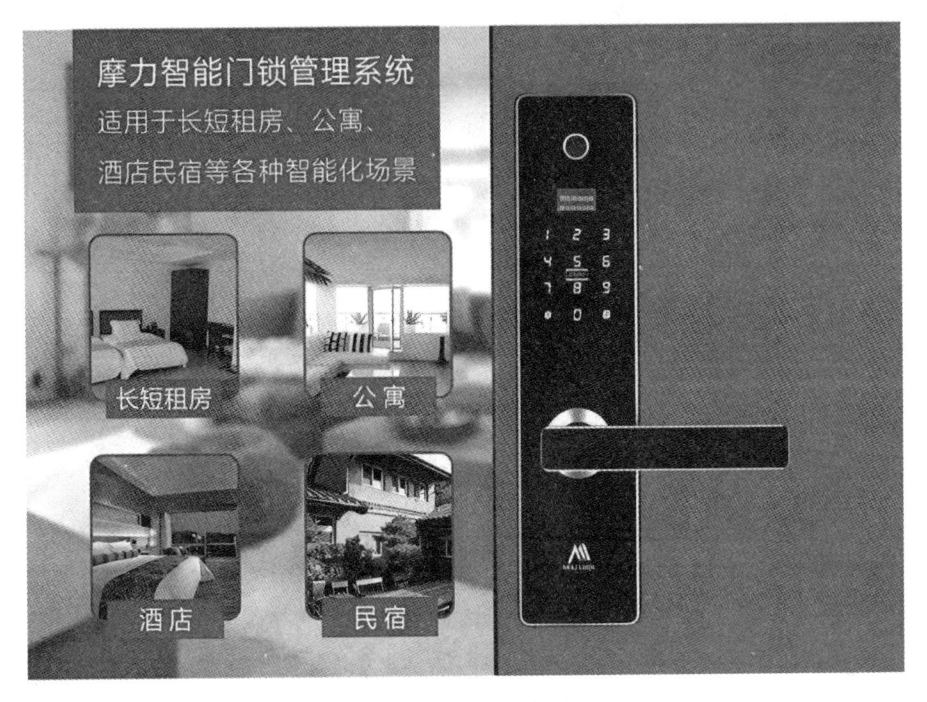

图 8-1-3　智能门锁的应用

4　任务准备

（1）实物：准备一套智能门锁，根据实物加深对智能门锁内部构造的理解。

（2）相关资料：搜索、查阅、准备一些智能家居的相关资料，学习智能门锁在智能家居领域中的应用。

（3）产品说明书：根据说明书学习智能门锁的基本功能和使用方法。

5　工作计划

以小组讨论的形式进行组内任务分工，发挥小组成员的特长，通过协作完成任务，并完成表 8-1-1。

表 8-1-1　智能门锁构造与应用任务分配计划表

类 别	任务名称	责人	完成时间	工具设备
1				
2				
3				
4				
5				
6				

6 任务实施

（1）智能门锁是由哪些部分组成的？

（2）智能门锁是如何实现远程控制的？

（3）智能门锁有哪些开锁方式？

（4）哪些场景会用到智能门锁？

7 任务检查

检查所有的表格是否填写完毕，所有仪器是否整理到位，将检测过程中出现的问题与培训师进行沟通，并把所获得的结论记录在表 8-1-2 中。

表 8-1-2　智能门锁构造与应用任务检查表

类 别	检测类型	检查点	是否掌握（√）	备 注
1	概念	了解智能门锁的概念	□ 是 □ 否	
2	工作原理和应用技术	掌握智能门锁的工作原理及应用技术	□ 是 □ 否	有助于加深对智能门锁工作原理的理解
3	基本构造	掌握智能门锁的基本构造及主要模块的作用	□ 是 □ 否	此项检查对智能门锁构造的掌握程度，以及在使用过程中出现问题后能否及时排查故障
4	应用场景	了解智能门锁的主要作用及在生活中的应用	□ 是 □ 否	

将检测中出现的异常现象通过团队讨论给出解决方案，并简要记录在下方。

8 任务评价

在表 8-1-3 中自评在团队中的表现。

表 8-1-3 自评

自我评价成绩：____

项目	标准	等级		
		优 5分	良 4分	一般 3分
职业素养	完全遵守实训室管理制度和作息制度			
	积极主动查阅资料，与团队成员沟通、讨论并解决老师布置的问题			
	准时参加团队活动，并为此次活动建言献策			
	能够在团队意见不一致时，用得体的语言提出自己的观点			
	在团队工作协作中，积极帮助团队其他成员完成任务			
专业知识	了解智能门锁的基本概念、优点			
	掌握智能门锁的工作原理及应用技术			
	了解智能门锁的应用场景			
	掌握智能门锁的基本构造及各组成部分的作用			
专业技能	学会智能门锁的几种开锁方式			
	能够独立讲述智能门锁的基本构造及内部各单元的作用			
	能够独立讲解智能门锁如何工作的，使用哪些控制技术来控制门锁开关			
	能够独立叙述智能门锁有哪些应用场景及用途			

（1）在项目推进过程中，与团队成员之间的合作是否愉快？原因是什么？

（2）本任务完成后，认为个人还可以从哪些方面改进，以使后面的任务完成得更好？

（3）如果团队得分是 10 分，请评价个人在本次任务完成中对团队的贡献度（包括团队合作、课前资料准备、课中积极参与、课后总结等），并打出分数，说明理由。

分数：__________ 理由：________________________________

任务2 产品组装

1 学习目标

（1）能够阐述智能门锁基本组成和工作原理，理解各部件的功能和相互关联。

（2）能够应用组装技巧，按照标准操作流程和安全规范进行设备的组装。

（3）具备分析和解决问题的能力，能够分析组装过程中的常见故障并采取相应的解决措施。

（4）具备团队协作沟通的能力。

2 任务描述

本任务要求学员在了解智能门锁的构造和工作原理的基础上，分组进行智能门锁的构造观察，并按照规定的步骤和方法完成智能门锁的组装。学员需熟悉设备组装所需的工具、材料和安全操作规程，确保组装过程顺利进行，并对组装完成的设备进行基本的功能测试和安全性检查。对照检查表进行检查，并在老师的指导下进行工作总结和评价。

3 知识准备

1）智能门锁的基本构成

智能门锁主要由电机、无线通信模块、控制模块、USB 应急接口板、喇叭、前面板、后面板及锁体等部件组成，如图 8-2-1 所示。

智能门锁的基本构造

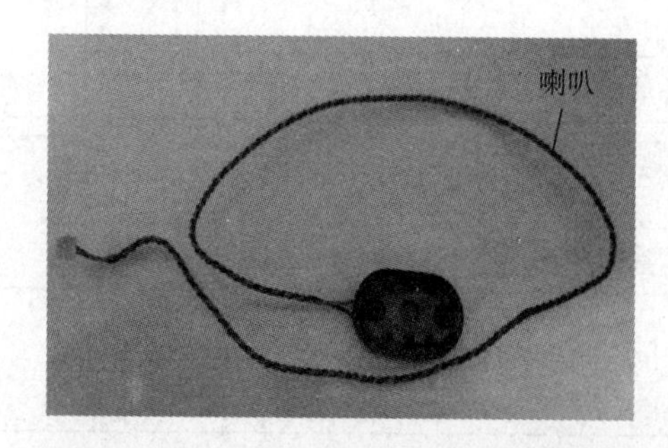

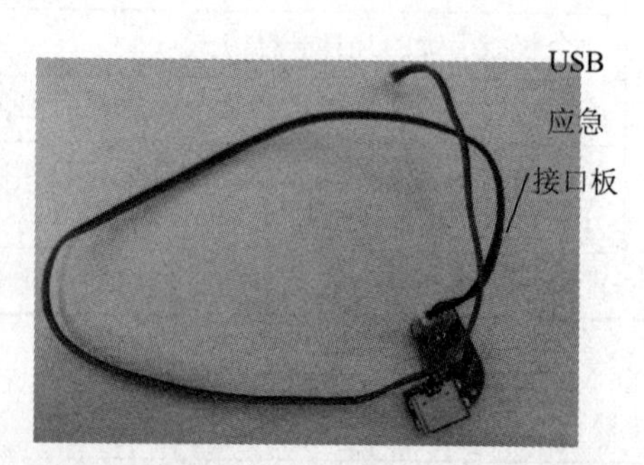

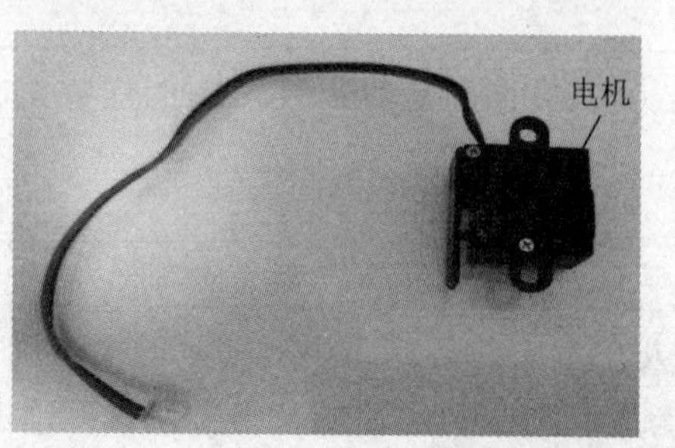

图 8-2-1 智能门锁的构成

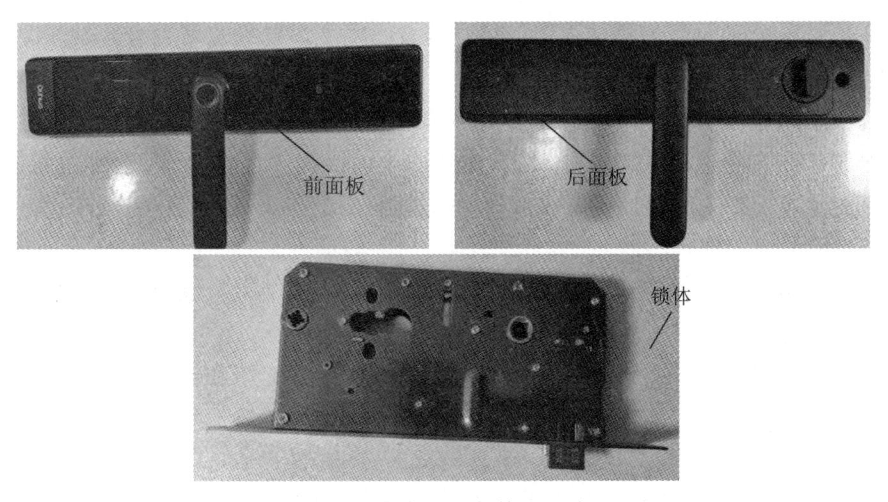

图 8-2-1　智能门锁的构成（续）

2）核心部件的作用和工作原理

____

____

3）组装流程和规范

学习智能门锁组装的标准操作流程，包括组装顺序、连接方法等，并了解相关的安全规范和注意事项。

（1）工作环境与散热。

① 确保组装环境温度在设备规定的工作范围内，避免高温或低温对设备性能产生影响。

② 保持工作区域空气流通，以便于散热，防止设备过热导致性能下降或损坏。

（2）熟悉设备结构与功能。

在组装前，应详细阅读设备的使用说明和技术文档，了解各部件的功能和安装要求。

（3）正确选择与使用材料。

① 选择质量可靠的控制模块、电机、无线通信模块、喇叭和其他关键部件，确保它们符合设备的规格要求。

② 避免使用不合格或已损坏的部件，以免对设备的性能和稳定性造成影响。

（4）注意焊接与安装。

① 焊接时应按照设备说明书或接线图进行，确保连接正确、牢固，避免虚接或短路。

② 注意焊接温度不可过高，正常在 250℃ ~300℃；焊接时间不宜过长，每次控制在 3s 内。

③ 组装过程中应注意轻拿轻放，避免对设备造成物理损伤。

④ 对于需要固定的部件，应使用合适的紧固件和工具，确保安装牢固、平稳。

（5）调试与测试。

① 在组装完成后，应进行设备的调试和测试，确保各项功能正常运行。

② 根据实际需求设定正确的控制模式，调整灵敏度和反应迟缓度，以达到最佳工作效果。

③ 记录各个时间段的测试数据，观察其波动幅度，以判定是否有异常情况出现。

（6）安全与防护。

① 在组装过程中，应严格遵守安全操作规程，避免触电、烫伤等事故发生。

② 对于需要通电测试的部分，应在确保安全的前提下进行操作，避免短路或过载。

③ 对于可能产生高温或辐射的部分，应采取相应的防护措施，保护操作人员的安全。

（7）记录与文档。

① 在组装过程中，应详细记录每一步的操作和测试结果，以便于后续维护和故障排查，详见任务检查表。

② 组装完成后，应整理相关文档和资料，方便后续使用和管理。

4 任务准备

（1）组装工具和材料：准备进行智能门锁组装所需的工具和材料，如电烙铁、无铅焊锡、剪钳、螺丝刀等。

（2）安全防护用品：根据组装过程中的安全要求，准备相应的安全防护用品，如静电服、静电手环等。

（3）组装图纸和操作手册：获取智能门锁的组装图纸和操作手册，以便在组装过程中参考和遵循。

（4）测试和检查设备：准备用于组装完成后进行功能测试和安全性检查的设备和工具，如万用表等。

5 工作计划

以小组讨论的形式进行组内任务分工，发挥小组成员的特长，通过协作完成任务，并完成表 8-2-1。

表 8-2-1　智能门锁组装任务分配计划表

类 别	任务名称	负责人	完成时间	工具设备
1				
2				
3				
4				
5				
6				

6 任务实施

智能门锁前面板的组装

1）前面板组装

（1）USB 应急接口板安装：将 USB 应急接口板安装在前面板下方，用螺钉锁紧，如图 8-2-2 所示。注意，锁到用手无法晃动电路板为止，若螺钉已经锁紧了还会晃动，可加个垫片再锁。

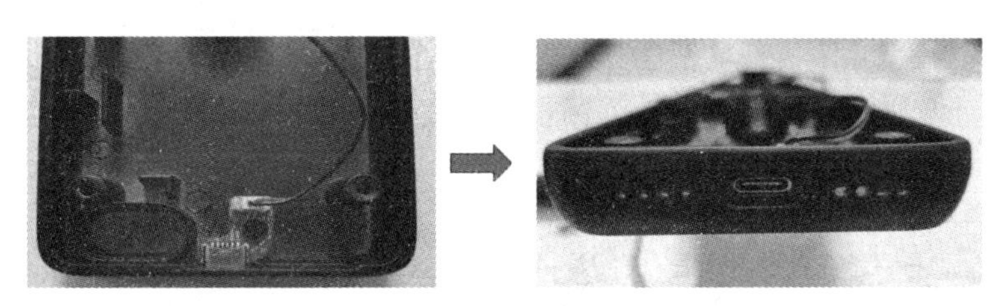

图 8-2-2　USB 应急接口板安装

（2）喇叭安装：将喇叭背胶撕开，贴到前面板下方喇叭孔位上，垫上泡棉，如图 8-2-3 所示。注意，泡棉要贴两层。

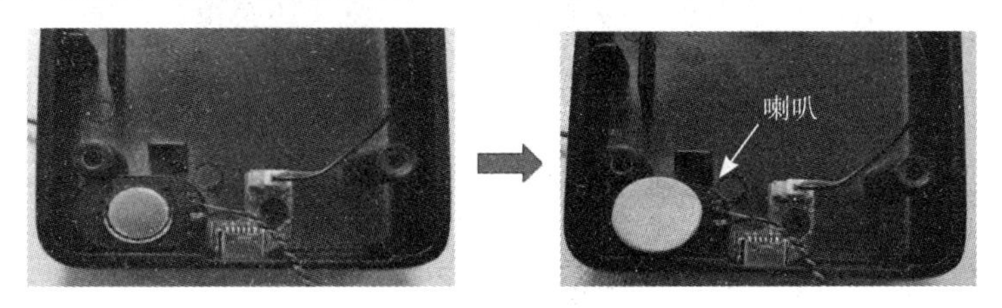

图 8-2-3　喇叭安装

（3）电机安装：将电机安装到前面板把手下方位置，用螺钉锁紧，如图 8-2-4 所示。注意，螺钉应锁至电机不晃动。

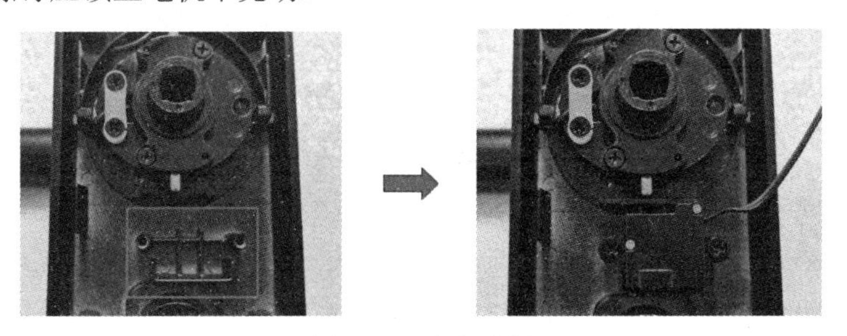

图 8-2-4　电机安装

（4）前面板接线：将指纹线、充电接口线、电机线、喇叭线、前后面板连接线分别接到主控板上，如图 8-2-5 所示。注意，根据图中箭头标识对应接线，不可接错接反。

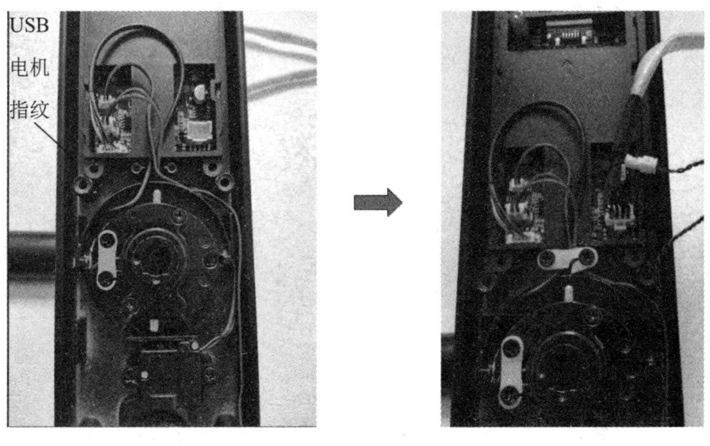

图 8-2-5　前面板接线

（5）前面板后盖安装：将后盖装到前面板上，前后面板连接线用 8 颗螺钉锁紧，如图 8-2-6 所示。注意，根据图中箭头标识，后盖的圆孔对应面板上的红点，然后锁紧。

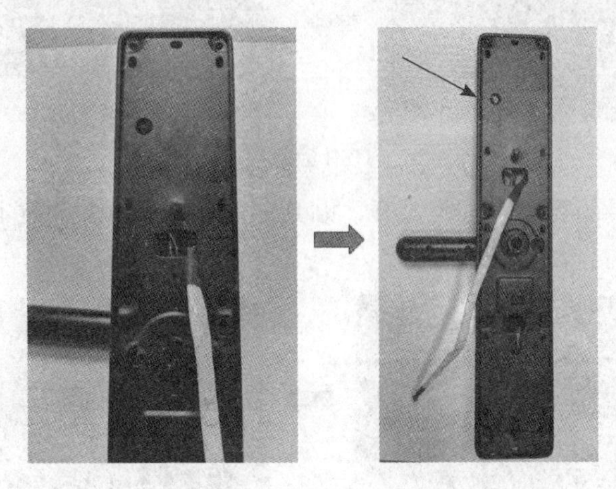

图 8-2-6　前面板后盖安装

（6）橡胶垫安装：将橡胶垫装到前面板背部，整平，如图 8-2-7 所示。注意，用手从上而下按压一遍，使橡胶垫卡扣完全卡进去。

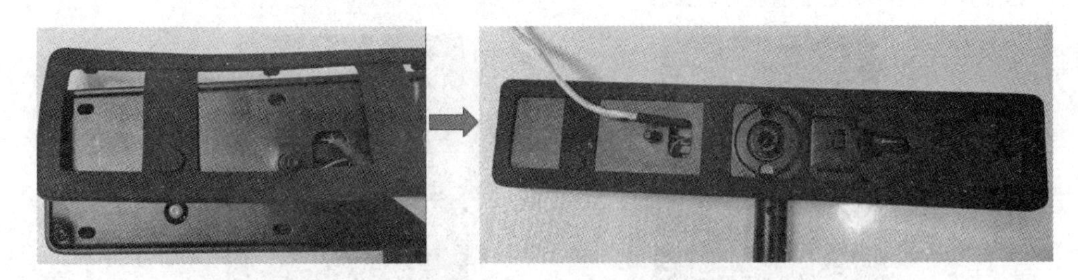

图 8-2-7　橡胶垫安装

2）后面板组装

（1）转接板组装：将转接板安装到后面板上，用 2 颗螺钉锁紧，如图 8-2-8 所示。注意，螺钉必须锁紧，保证电路板不晃动。

智能门锁后面板的组装

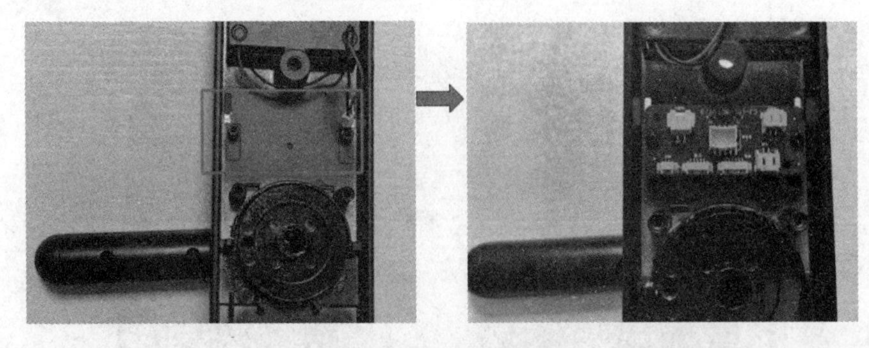

图 8-2-8　转接板安装

（2）无线通信板组装：将通信板支架卡入后面板上方，再把无线通信板卡到支架上，如图 8-2-9 所示。注意，支架卡扣需完全卡到位，通信板需对准定位孔再安装。

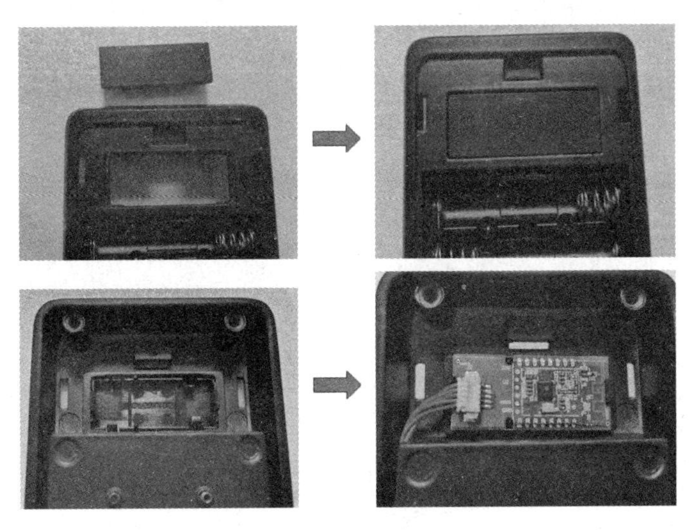

图 8-2-9 无线通信板组装

（3）接线：将电池线和无线通信板线分别插到转接板上，如图 8-2-10 所示。注意，根据图中标识接线，不可接错接反，否则将导致门锁无法通信，甚至无法开机。

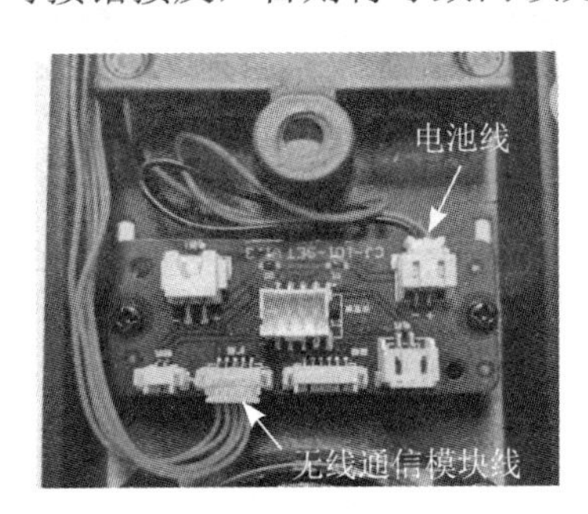

图 8-2-10 接线

（4）后面板后盖组装：先将橡胶垫放入后面板背部，再把后盖卡到橡胶垫上，整平，用 8 颗螺钉锁紧，如图 8-2-11 所示。注意，按照图中顺序安装，否则可能导致橡胶垫脱落。

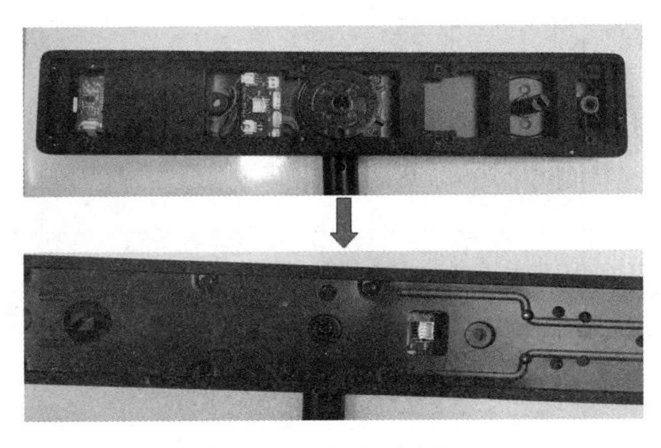

图 8-2-11 后面板后盖组装

3）整机安装

根据安装示意图安装，如图 8-2-12 所示。

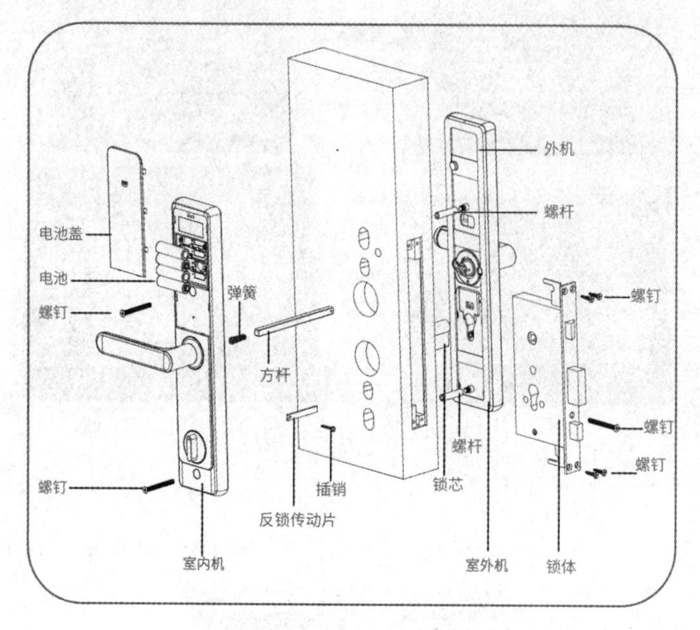

图 8-2-12　安装示意图

（1）外机：确认锁体 (非标准尺寸需开孔）→ 锁芯 → 外机螺杆 → 弹簧 → 方杆 → 装入外机。

（2）内机：调节方向 → 反锁卡销 → 内外机主线连接 → 装入内机 → 固定螺钉 → 装入电池 → 扣合电池。

7　任务检查

检查所有的表格是否填写完毕，所有仪器是否调整到位，将检测过程中出现的问题与培训师进行沟通，并把所获得的结论记录在表 8-2-2 中。

表 8-2-2　智能门锁组装任务检查表

类 别	检测类型	检查点	是否正常（√）	备 注
1	外观检查	对智能门锁进行外观检查，确保电路板没有物理损伤、变形或明显的制造缺陷；表面是否平整，是否有划痕或凹陷等	□ 是 □ 否	保证产品完整性，避免因受外力撞击导致产品损坏
2	电气性能测试	选择任意一种开锁方式，查看是否能正常开锁	□ 是 □ 否	此项测试用于确保设备能有效供电，开机正常
3	校准与验证	根据说明书测试各种开锁方式，如NFC、指纹、密码、钥匙、手机远程开锁等，看是否都能正常开锁	□ 是 □ 否	主要测试一整套设备所有部件都能正常运行

将检测中出现的异常现象通过团队讨论给出解决方案，并简要记录在下方。

___

___

8 任务评价

在表 8-2-3 中自评在团队中的表现。

表 8-2-3　自评

自我评价成绩：____

项 目	标 准	等 级		
		优 5分	良 4分	一般 3分
职业素养	完全遵守实训室管理制度和作息制度			
	积极主动查阅资料，与团队成员沟通、讨论并解决老师布置的问题			
	准时参加团队活动，并为此次活动建言献策			
	能够在团队意见不一致时，用得体的语言提出自己的观点			
	在团队工作协作中，积极帮助团队其他成员完成任务			
专业知识	认识智能门锁的核心部件			
	掌握智能门锁的组装流程及规范			
	掌握智能门锁的核心功能及使用方法			
	掌握智能门锁调试测试的核心要点及方法			
专业技能	学会使用多种开锁方式解锁智能门锁			
	能够独立装配智能门锁前面板和后面板			
	能够独立完成智能门锁设置密码及指纹等功能			
	能够独立完成智能门锁完整的组装工作			

（1）在项目推进过程中，与团队成员之间的合作是否愉快？原因是什么？

___

___

（2）本任务完成后，认为个人还可以从哪些方面改进，以使后面的任务完成得更好？

___

___

（3）如果团队得分是 10 分，请评价个人在本次任务完成中对团队的贡献度（包括团队合作、课前资料准备、课中积极参与、课后总结等），并打出分数，说明理由。

分数：__________　理由：________________________________

任务3 故障排查

1 学习目标

（1）能够阐述产品工作原理及各电路单元或模块在设备中起到的作用。

（2）能够描述在日常使用智能门锁过程中可能遇到的问题。

（3）能够应用故障分析技能，对使用过程中遇到的故障进行分析排查。

2 任务描述

在智能门锁组装及调试的过程中，会因为人为因素或某些配件问题导致门锁无法正常使用；或者在日常使用过程中，会由于电路老化或机械故障等原因导致无法开锁问题。学员要能利用所学的智能门锁的构造和工作原理进行具体故障识别、排查、分析，以保障后期维修的精确性，使设备能正常工作。

3 知识储备

1）常见故障

① 无屏幕反应。

② 指纹验证成功但无法开门。

③ 指纹登录失败。

④ 系统锁定。

⑤ 把手转动困难。

⑥ 远程操作失败。

⑦ 密码登录失败。

2）熟练掌握智能门锁的工作原理及构造

在进行故障排查前，应仔细阅读相关技术文档及说明书，熟悉智能门锁的工作原理，掌握电路板和各模块的作用，熟悉使用智能门锁的功能设置及操作，如图 8-3-1 所示。

3）使用安全

在测试过程中，应严格遵守安全操作规程，注意防护。当出现故障需要拆机排查时，应佩戴绝缘手套。更换电路板或焊接时，应佩戴防静电手环，穿防静电服，避免静电对电路板产生影响。

图 8-3-1　锁具面板

4）文档记录

在排查故障的过程中，应记录好每个故障及其排查步骤，详细记录排查过程及测试结果。

4　任务准备

（1）故障排查的工具和材料：准备进行智能门锁故障排查所需的工具和材料，如万用表、剪钳、螺丝刀等。

（2）安全防护用品：根据安全防护要求，准备相应的安全防护用品，如绝缘手套、静电手环、静电服等。

（3）技术文档和使用说明书：获取智能门锁的工作原理、设备的构造说明和使用说明书，以便在排查故障过程中参考和遵循。

5　工作计划

以小组讨论的形式进行组内任务分工，发挥小组成员的特长，通过协作完成任务，并完成表 8-3-1。

表 8-3-1　智能门锁故障排查任务分配计划表

类 别	任务名称	负责人	完成时间	工具设备
1				
2				
3				
4				
5				
6				

6　任务实施

针对智能门锁组装及调试的过程中，因为人为因素或某些配件问题导致门锁无法正常使用，或者在日常使用过程中，由于电路老化或机械故障等原因导致无法开锁问题进行分析。

（1）无屏幕反应、灯不亮。故障分析：

① 电池装反或没电。

② 后面板接线松动或接触不良。

（2）指纹验证成功但无法开门。故障分析：

① 电机线松动或损坏。

② 控制板故障

（3）指纹登录失败。故障分析：

① 手指太干燥或太湿。

② 该指纹未录入门锁系统。

（4）系统锁定。故障分析：

① 多次验证失败导致系统锁死。

② 控制板死机。

（5）把手转动困难。故障分析：机械故障，面板与锁体之间摩擦力增大。

（6）操作限制。故障分析：操作者非管理员或非管理员验证。

（7）远程操作失败。故障分析：

① 无线通信线接触不良或接错位置。

② 网络信号差。

（8）密码登录失败。故障分析：密码输错。

7 任务检查

检查所有的表格是否填写完毕，所有仪器是否整理到位，将检测过程中出现的问题与培训师进行沟通，并把所获得的结论记录在表 8-3-2 中。

表 8-3-2 智能门锁故障排查任务检查表

类 别	检测类型	检查点	是否正常（√）	备 注
1	外观检查	对智能门锁的电路板进行外观检查，确保没有物理损伤、变形或明显的制造缺陷；检查显示屏是否破裂	□ 是 □ 否	此检查用于判断是否因外力撞击导致设备故障
2	无线连接	根据说明书对智能门锁进行联网设置，利用手机 App 远程操控开锁	□ 是 □ 否	测试用于确保设备无线连接及远程操控功能
3	USB 应急接口及喇叭测试	在未安装电池的情况下，给 USB 接口供电，查看密码面板是否亮起，单击是否有提示音	□ 是 □ 否	主要测试 USB 接口及喇叭是否正常工作
4	校正与调试	根据说明书设置指纹、密码，测试指纹、密码、NFC、钥匙等开锁方式是否能正常开锁	□ 是 □ 否	此项测试用于确保智能门锁所有功能可正常使用

将检测中出现的异常现象通过团队讨论给出解决方案，并简要记录在下方。

____

____

8 任务评价

在表 8-3-3 中自评在团队中的表现。

表 8-3-3　自评

自我评价成绩：____

项目	标准	等级		
		优 5分	良 4分	一般 3分
职业素养	完全遵守实训室管理制度和作息制度			
	积极主动查阅资料，与团队成员沟通、讨论并解决老师布置的问题			
	准时参加团队活动，并为此次活动建言献策			
	能够在团队意见不一致时，用得体的语言提出自己的观点			
	在团队工作协作中，积极帮助团队其他成员完成任务			
专业知识	认识智能门锁的故障排查方法			
	掌握智能门锁核心部件的工作原理			
	掌握智能门锁测试过程的安全方法			
	掌握智能门锁调试测试的核心要点及技术说明			
专业技能	学会安装智能门锁及基本功能设置			
	能够独立发现智能门锁设备故障			
	能够独立完成智能门锁联网设置			
	能够独立完成智能门锁故障原因的分析			
	能够独立使用工具检测智能门锁故障			

（1）在项目推进过程中，与团队成员之间的合作是否愉快？原因是什么？

____

____

（2）本任务完成后，认为个人还可以从哪些方面改进，以使后面的任务完成得更好？

____

____

（3）如果团队得分是10分，请评价个人在本次任务完成中对团队的贡献度（包括团队合作、课前资料准备、课中积极参与、课后总结等），并打出分数，说明理由。

分数：__________　理由：________________________________

任务4 部件维修与调试

1 学习目标

（1）能够阐述智能门锁的构造和工作原理。

（2）理解每个电路单元及部件的作用，全面掌握智能门锁的使用及调试。

（3）能够应用维修技巧及工具处理产品故障。

（4）能够运用焊接技巧，了解焊接工艺对电路的影响。

（5）掌握外部设备与智能门锁的关联，能够在故障分析过程中排查问题。

2 任务描述

本任务要求学员在熟练掌握智能门锁的构造和工作原理后，能够快速精准地识别智能门锁在使用及调试过程中出现的故障。学员能应用所学的智能门锁的构造和工作原理进行具体故障问题的识别、排查、分析，以保障后续维修的精确性，使设备可以正常工作。任务完成后，由培训师带领学员进行复盘及总结。

3 知识准备

1）智能门锁核心部件

智能门锁核心部件功能说明，如图 8-4-1 所示。

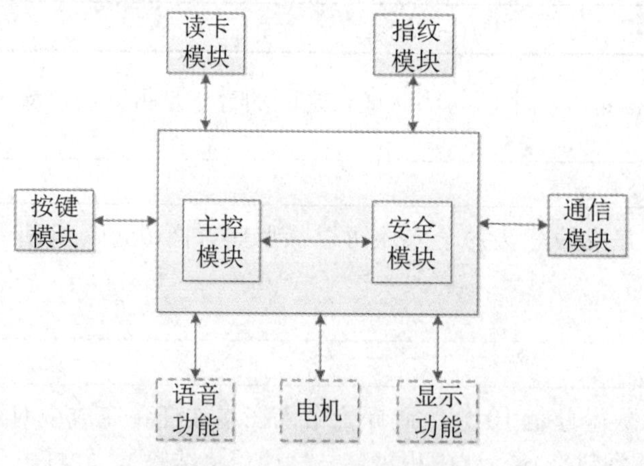

图 8-4-1　智能门锁核心部件

（1）指纹模块：核心组件，负责指纹的采集、处理和匹配。

（2）处理器模块：处理指纹数据，管理通信和控制锁体的开关。

（3）通信模块：支持远程控制等功能。

（4）电源管理模块：提供稳定的电源，并延长电池使用寿命。

（5）用户界面模块：包含触摸按键、语音和 NFC 读卡器，为用户提供直观的操作界面和状态反馈。

（6）锁体驱动模块：包含电机及电机驱动，实现锁体的机械动作，确保锁能顺畅开关。

（7）安全保护模块：确保设备在异常情况下安全运行，并提供防撬报警。

（8）外壳和安装组件：保护内部组件，确保设备的安全性和耐用性。

（9）存储模块：存储指纹数据和固件，支持设备的正常运行。

2）日常维护

（1）定期清洁：为保持智能门锁的正常运行，应定期对智能门锁进行清洁以避免积尘和杂物对验证造成影响。

（2）避免水浸：智能门锁应避免长时间暴露在水源或潮湿环境中，以防止电机受潮受损。

（3）保持稳定供电：确保智能门锁的供电电压稳定，避免过低的电压导致门锁运行异常。

（4）定期润滑：根据使用频率，定期给锁芯及传动装置添加适量润滑油，以保持良好的运转效果。

3）测试和焊接环境

（1）测试一般在常温环境下进行，个别功能在不同的气温或湿度条件下可能得到不同的结果，将测试结果与其他完好的设备对比即可。

（2）焊接时，不同的电路板材料、元器件要求的温度不同，因此需要控制合适的温度，温度过高或过低都会影响焊接的质量。一般来说，电烙铁焊接电路板需要的适宜温度为250℃ ~300℃。

4）元件及材料的选择

（1）选择可靠的元件和电路模块，如经过检测的温度传感器、控制板、电机等，确保更换完之后能正常使用。

（2）选择表面光亮无氧化的无铅焊锡，以免造成焊接困难，影响电路性能。

5）注意事项

（1）焊接完，应确保电路板整洁干净、无灰尘、无锡渣残留，以免影响电路板性能。

（2）电烙铁使用后应在烙铁头上留一部分锡，避免烙铁头因长时间没有使用导致氧化不吃锡。电烙铁用完应及时关闭开关或拔掉电源，防止不小心烫伤。

（3）拆下来的元件应单独放置，避免与正常的元件混放。

6）安全与防护

（1）在检测及焊接过程中，应严格遵守安全操作规程，避免触电、烫伤等事故发生。

（2）对于需要通电测试的部分，应在确保安全的前提下进行操作，避免短路或过载。

（3）对于可能产生高温的部分，应采取相应的防护措施，保护操作人员的安全。

（4）在安装、移动、清洁或检修智能门锁前，注意断开外部电源。

（5）在安装智能门锁前请详细阅读使用说明书。

（6）所有接线必须符合国家标准。

（7）严格按照说明书操作使用智能门锁。

7）记录与文档

（1）在维修过程中，应详细记录每一步的操作和测试结果，以便于后续维护和故障排查，如表 8-4-1 所示。

（2）维修完成后，应整理相关工具和材料，方便后续使用和管理。

表 8-4-1　问题记录表

问题记录表			
名　称		型　号	
报修人员		报修日期	
故障描述			
具体原因			
维修情况 （以下相关内容需填写）			
维修人员		维修日期	
故障分析			
解决方案			
更换配件			
功能测试			

4　任务准备

（1）准备工具及材料：维修前准备好电烙铁、螺钉旋具、斜口钳、镊子、万用表等工具，准备焊接材料（无铅焊锡）以及质量可靠的连接线和电路模块等。

（2）安全防护用品：根据测试及焊接需求，准备相应的安全防护用品，如绝缘手套、静电服等。

（3）维修手册和调试说明书：获取维修手册和调试说明书，以便在维修过程中参考和遵循。

5　工作计划

以小组讨论的形式进行组内任务分工，发挥小组成员的特长，通过协作完成任务，并完成表 8-4-2。

表 8-4-2　智能门锁部件维修与调试任务分配计划表

类　别	任务名称	负责人	完成时间	工具设备
1				
2				
3				
4				
5				
6				

6　任务实施

（1）无屏幕反应。解决方案：

① 检查电池正负极是否接反，电池是否有电，更换新电池并确保正负极正确安装。

② 已使用一段时间后出现屏幕不亮的，可用充电宝给 USB 应急供电。

③ 查看电池线是否接触不良或接错，将电池线插在正确的接口上，并确保正确连接。

（2）指纹验证成功但无法开门。解决方案：

① 先确认是否有电机转动的声音，若没有则可能是电机线没接好或电机损坏。

② 若电机有声音，可能是锁体机械结构出故障，需拆开修复或更换锁体。

③ 若控制板没有给电机驱动信号，则更换控制板。

（3）指纹登录失败。解决方案：

① 查看该指纹是否清晰、干净、不潮湿，可清理干净重试或更换其他指纹。

② 确认该指纹是否已录入，可更换其他指纹验证。

（4）系统锁定。解决方案：

① 无效输入密码或指纹超过 5 次系统自动锁定，需等待 90 秒后再重试。

② 系统卡死，先使用钥匙打开，再将电池取下重装，重启系统。

（5）把手转动困难。解决方案：可能是面板装歪导致锁体转动轴摩擦大，此时可适当调整面板位置，并且在传动轴和把手位置适当加点润滑剂。

（6）远程操作失败。解决方案：

① 查看网络信号是否正常。

② 确保无线通信模块线接对位置、无松动。

（7）密码登录失败。解决方案：确保输入的密码正确，忘记密码可重置。

7 任务检查

检查所有的表格是否填写完毕，所有仪器是否整理到位，将检测过程中出现的问题与培训师进行沟通，并把所获得的结论记录在表 8-4-3 中。

表 8-4-3　智能门锁部件维修与调试任务检查表

类 别	检测类型	检查点	是否正常（√）	备 注
1	接线	检查智能门锁内部接线是否正确，没有出现松动现象	□ 是 □ 否	此检查用于确保因接线松动或接错造成故障
2	关键部件	更换关键部件（如电机模块、控制板等），应先检测该部件能否正常工作	□ 是 □ 否	确保关键部件能正常使用
3	远程操控	在无线网络信号良好的情况下，将智能门锁进行网络连接，用手机操控，看其是否能正常打开	□ 是 □ 否	测试用于确保远程操控功能正常使用
4	校正与调试	使用多种开锁方式查看是否都能正常打开，以及系统设置、密码管理、开锁是否都有相应的语音提示	□ 是 □ 否	此项测试用于保证多种开锁方式及语音交互功能都正常运行

将检测中出现的异常现象通过团队讨论给出解决方案，并简要记录在下方。

8 任务评价

在表 8-4-4 中自评在团队中的表现。

表 8-4-4　自评

自我评价成绩：____

项目	标准	等级		
		优 5分	良 4分	一般 3分
职业素养	完全遵守实训室管理制度和作息制度			
	积极主动查阅资料，与团队成员沟通、讨论并解决老师布置的问题			
	准时参加团队活动，并为此次活动建言献策			
	能够在团队意见不一致时，用得体的语言提出自己的观点			
	在团队工作协作中，积极帮助团队其他成员完成任务			
专业知识	掌握智能门锁的工作原理及核心部件			
	掌握智能门锁的维修方法			
	掌握智能门锁的日常维护			
	掌握智能门锁调试测试的核心要点及方法			
专业技能	学会智能门锁的工作原理及核心部件的作用			
	学会使用手机 App 远程操控智能门锁开锁			
	能够独立发现智能门锁的故障及进行故障分析			
	能够独立完成智能门锁系统设置			
	能够独立完成对智能门锁故障维修			

（1）在项目推进过程中，与团队成员之间的合作是否愉快？原因是什么？

____

____

（2）本任务完成后，认为个人还可以从哪些方面改进，以使后面的任务完成得更好？

____

____

（3）如果团队得分是 10 分，请评价个人在本次任务完成中对团队的贡献度 (包括团队合作、课前资料准备、课中积极参与、课后总结等)，并打出分数，说明理由。

分数：__________　理由：________________________________

项目9

智能厨房垃圾处理器的应用与维护

任务1 构造与应用

1 学习目标

（1）能够阐述厨房垃圾处理器的概念、优点及分类。
（2）能够识别厨房垃圾处理器的基本构造，及部件功能。
（3）能够描述厨房垃圾处理器的工作原理与应用技术。
（4）能够描述厨房垃圾处理器的应用场景及未来发展趋势。

2 任务描述

本任务要求学员分组搜集关于智能厨房垃圾处理器的资料，包括基本概念、发展历程、应用场景、市场现状，结合教师的讲解，通过实物观察，了解智能厨房垃圾处理器的构造、工作原理及应用技术，并分组讨论智能厨房垃圾处理器在提升用户体验上的优势，同时准备简短报告进行分享。在教师的指导下进行学习总结和评价。

3 知识储备

1）什么是厨房垃圾处理器

厨房垃圾处理器又称食物垃圾处理器或厨余垃圾处理器，是一种现代化环保家用电器，它安装于厨房水槽下部，与排水管相连，通过高速电机驱动碾磨件碾磨和粉碎食物残余物至粉末或小颗粒状而随水流入下水道自然排出的清洁器具。如小块猪骨头、鸡骨头、鱼骨头、蛋壳、瓜皮、果皮果核、茶叶渣、菜根叶、咖啡渣、剩饭、残羹、面包屑等，粉碎研磨成糊浆状液体，通过管道随水自然排出，从而达到清洁环境、排除异味等效果。它可以实时、方便、快捷地处理所有食物垃圾，有效防止水槽的堵塞，杜绝细菌、蟑螂的生长繁殖，减少厨房异味，减少害虫骚扰，使用户拥有一个清洁温馨的厨房，促进家人健康，如图 9-1-1 所示。

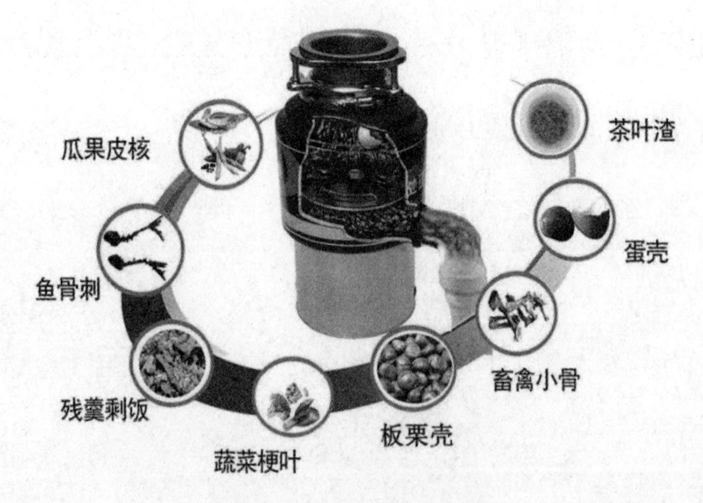

图 9-1-1　厨房垃圾处理器

2）垃圾处理器的分类

（1）按处理方式分。

① 粉碎型：将食物垃圾经过研磨、粉碎后与水混合成液态状直接冲入下水道。

② 甩干型：将食物垃圾中的水分与固态物质分离后，从水盆下水道排走水分，将留下的固态物质压缩成块状，方便保存及处理。

（2）按电机类型分。

① 直流型：空转转速较高（约 2800 r/min），一般来说效率及扭力要大于交流型电机，但负荷工作（有食物垃圾进入时）转数在 1000 r/min 左右，噪声也会随之增大，多用在家用吸尘器、搅拌机等小型电器中，使用寿命较短，但成本很低，一般只有交流型电机产品价格的一半以下，是经济人士的首选。

② 交流型：空转转速较低（约 1480 r/min），但负荷工作（有食物垃圾进入时）转数和噪音都不会发生任何变化，多用在洗衣机、工业用吸尘器等动力强劲型电器中，使用寿命比较长。但由于制造成本较高，所以整机价格也较高，是时尚、专业人士的选择。

3）厨房垃圾处理器的优点

（1）对居民来说，厨房垃圾处理器具有以下优点。

① 减少厨房尤其是存放垃圾桶的、橱柜内的臭味。

② 减少滋生蟑螂、细菌的可能。

③ 使清理排放家庭垃圾成为一项轻松干净的工作。

④ 有利于保持楼梯间和居住小区的卫生环境。

（2）对环卫部门和物业管理来说，厨房垃圾处理器具有以下优点。

① 改善环卫作业环境。

② 有效减少垃圾产量。

③ 减少垃圾收运过程的二次污染。

④ 减少垃圾收运处理的难度和成本。

（3）对市政和交管部门来说，厨房垃圾处理器具有以下优点。

① 增加污水中易腐性有机物的含量，有利于污水处理厂的生化工艺。

② 减少垃圾车的数量和垃圾污水滴漏对路面的污染。

（4）对环境和资源回收来说，厨房垃圾处理器具有以下优点。

① 减少厨余垃圾对可回收物的污染，提高资源回收率。

② 改善填埋场和焚烧厂的处理工况，减少渗滤液、沼气、烟气等污染物的排放。

4）厨房垃圾处理器的构造

厨房垃圾处理器的主要组成包括高速电机、刀盘、腔体、过载保护装置和无线开关等部件，它们共同构成了厨房垃圾处理器的核心框架，如图 9-1-2 所示。

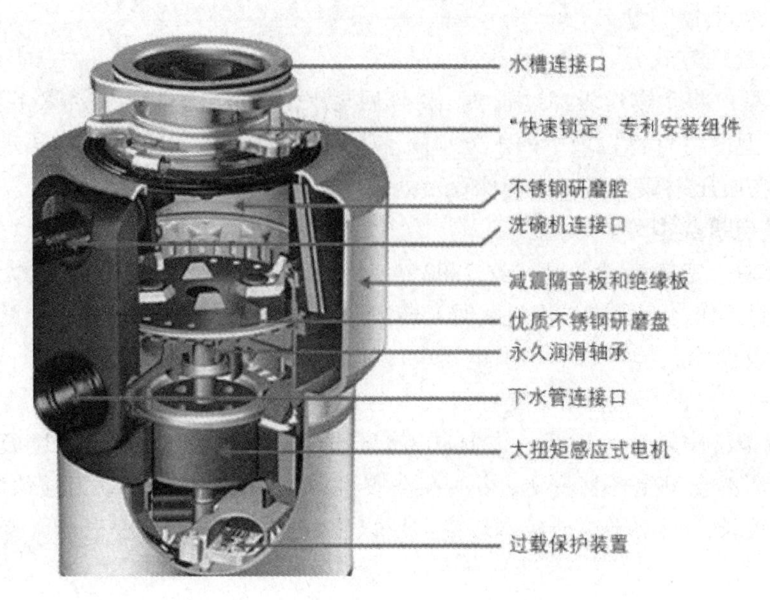

图 9-1-2　厨房垃圾处理器的构造

（1）高速电机：电机通过高速旋转，在腔体内形成离心力，带动刀盘，如图 9-1-3 所示。

图 9-1-3　高速电机

（2）刀盘：材质为不锈钢，通过高速电机的带动，对灌入腔体的食物垃圾进行快速、有效的切割、击碎、研磨，将被处理垃圾研磨搅拌成直径 2~3mm 以内的细小单元。

（3）腔体：用来装载需要处理的厨余垃圾，与刀盘组成一个研磨器。

（4）过载保护装置：当遇到无法研磨的东西（如大块骨头）导致刀盘卡住无法转动时，该装置会启动自我保护，及时断电，避免电机及刀盘被进一步损坏。

（5）无线开关：无需连接线就能与厨房垃圾处理器进行短距离无线连接（一般不超过 3m），控制厨房垃圾处理器开关。

5）智能厨房垃圾处理器的工作原理

智能厨房垃圾处理器是通过小型直流或交流电机驱动刀盘，利用离心力将粉碎腔内的食物垃圾粉碎后排入下水道。粉碎腔具有过滤作用，会自动拦截食物固体颗粒；刀盘设有两个或者四个可 360 度回转的冲击头，没有利刃，安全、耐用、免维护。刀盘转速（满负载工作状态的直流电机）约 2000~4000 r/min。粉碎后的颗粒直径小于 4mm，不会堵塞排水管和下水道。

6）智能厨房垃圾处理器的应用场景

厨余垃圾的组成部分主要是厨房中的食物以及泔水，这些东西的保质期比较短并且大部分能够被二次利用。图 9-1-4 所示为厨房垃圾处理器的垃圾处理流程。厨余垃圾的处理非常烦琐，对于很多人来说，厨房的垃圾是难以清洁的。那么针对这部分不想处理垃圾的客户，厨房垃圾处理器主要的应用领域有哪些？

厨余垃圾处理器的应用与原理

图 9-1-4　垃圾处理流程

（1）家庭应用。居民生活中的厨余垃圾很容易堆积，滋生细菌和蟑螂。有的居民可能直接将厨余垃圾和其他类型的垃圾丢到垃圾桶，这对于垃圾分类点以及处理人员来说是比较头疼的。如果直接将垃圾通过处理机传输到处理厨余垃圾的固定地点，能够减轻工作人员的负担，也能减少细菌和蟑螂的滋生。

（2）学校职工食堂。学校职工食堂每天要产出非常多的厨余垃圾，如果这些垃圾不及时进行处理，将会产生比较大的气味，而且细菌的滋生范围也会扩大，因此需要购买厨余垃圾处理器进行处理。尤其是规模比较大的学校以及职工食堂，可能还要购买数量比较多的处理器。

（3）大型商场和美食街。大型商场和美食街每天的流动人口数量比较多，尤其是美食街，每天产出的厨余垃圾数量非常大，所以需要购买垃圾处理器，将厨余垃圾磨碎并且统一运输到合适的处理地点。这不仅方便了美食街经营者，而且能够避免厨余垃圾的堆积造成客户身体上的不适。

7）智能厨房垃圾处理器的未来发展趋势

中国人口众多，饮食消费数量巨大，拥有传统的饮食习惯，再加上社会经济的发展和人们生活水平的提高，生活垃圾的数量急剧增长。在国家不断倡导节能减排、环保第一的口号下，垃圾处理行业迫切需要更给力的垃圾处理方式，这也意味着其中蕴含了巨大商机。在中国各行各业竞争激烈的情况下，唯一市场竞争硝烟稀少的垃圾处理行业，备受各类投资者关注。

4 任务准备

（1）实物：准备一套智能厨房垃圾处理器设备，根据实物加深对智能厨房垃圾处理器主要构造的理解。

（2）相关资料：准备一些垃圾分类的相关资料，学习智能厨房垃圾处理器在垃圾分类领域中的应用。

（3）产品说明书：根据说明书学习智能厨房垃圾处理器的基本功能和使用方法。

5 工作计划

以小组讨论的形式进行组内任务分工，发挥小组成员的特长，通过协作完成任务，并完成表 9-1-1。

表 9-1-1　智能厨房垃圾处理器构造与应用任务分配计划表

类 别	任务名称	负责人	完成时间	工具设备
1				
2				
3				
4				
5				
6				

6 任务实施

（1）描述智能厨房垃圾处理器是由哪些结构组成的。

（2）智能厨房垃圾处理器的工作原理是什么？

____

____

（3）智能厨房垃圾处理器在垃圾分类领域起到什么作用？

____

____

（4）智能厨房垃圾处理器有哪些应用场景？

____

____

7　任务检查

检查所有的表格是否填写完毕，所有仪器是否整理到位，将检测过程中出现的问题与培训师进行沟通，并把所获得的结论记录在表 9-1-2 中。

表 9-1-2　智能厨房垃圾处理器构造与应用任务检查表

类 别	检测类型	检查点	是否掌握（√）	备 注
1	概念和分类	了解智能厨房垃圾处理器的概念和分类	□ 是 □ 否	
2	工作原理和应用技术	掌握智能厨房垃圾处理器的工作原理	□ 是 □ 否	有助于加深对智能厨房垃圾处理器工作原理的理解
3	基本构造	说出智能厨房垃圾处理器主要组成部分的名称及作用	□ 是 □ 否	此项用于检验对智能厨房垃圾处理器构造的掌握程度
4	应用场景及未来发展	是否了解智能厨房垃圾处理器的应用领域及未来的发展	□ 是 □ 否	

将检测中出现的异常现象通过团队讨论给出解决方案，并简要记录在下方。

____

____

____

8　任务评价

在表 9-1-3 中自评在团队中的表现。

表 9-1-3　自评

自我评价成绩：____

项 目	标 准	等 级		
		优 5分	良 4分	一般 3分
职业素养	完全遵守实训室管理制度和作息制度			
	积极主动查阅资料，与团队成员沟通、讨论并解决老师布置的问题			
	准时参加团队活动，并为此次活动建言献策			
	能够在团队意见不一致时，用得体的语言提出自己的观点			
	在团队工作协作中，积极帮助团队其他成员完成任务			
专业知识	认识智能厨房垃圾处理器的基本概念、分类和优点			
	掌握智能厨房垃圾处理器的工作原理及应用技术			
	了解智能厨房垃圾处理器的应用场景和未来发展			
	掌握智能厨房垃圾处理器的基本构造及各组成部分的作用			
专业技能	学会智能厨房垃圾处理器的分类和优势			
	能够独立讲述智能厨房垃圾处理器的基本构造及内部各单元的作用			
	能够独立讲解智能厨房垃圾处理器的工作原理			
	能够独立叙述智能厨房垃圾处理器的应用场景及用途			

（1）在项目推进过程中，与团队成员之间的合作是否愉快？原因是什么？

____

____

（2）本任务完成后，认为个人还可以从哪些方面改进，以使后面的任务完成得更好？

____

____

（3）如果团队得分是 10 分，请评价个人在本次任务完成中对团队的贡献度（包括团队合作、课前资料准备、课中积极参与、课后总结等），并打出分数，说明理由。

分数：__________　理由：________________________________

任务2　产品组装

1　学习目标

（1）能够阐述智能厨房垃圾处理器基本组成和工作原理，理解各部件的功能和相互关联。

（2）能够应用组装技巧，按照标准操作流程和安全规范进行设备的组装。

（3）能够分析组装过程中的常见故障并采取相应的解决措施。

（4）具备团队协作沟通的能力。

2　任务描述

本任务要求学员在了解智能厨房垃圾处理器的构造和工作原理的基础上，在老师的指导下，分组对智能厨房垃圾处理器的构造进行观察，并按照规定的步骤和方法完成智能厨房垃圾处理器的组装。学员需熟悉设备组装所需的工具、材料和安全操作规程，确保组装过程顺利进行，并对组装完成的设备进行基本的功能测试和安全性检查。对照检查表进行检查，并在老师的指导下进行工作总结和评价。

3　知识准备

1）智能厨房垃圾处理器的基本构成

智能厨房垃圾处理器主要由电机、研磨盘、研磨环、控制面板、研磨腔、外壳等部件组成，其中的电机包含电源和过载保护装置，如图 9-2-1 所示。

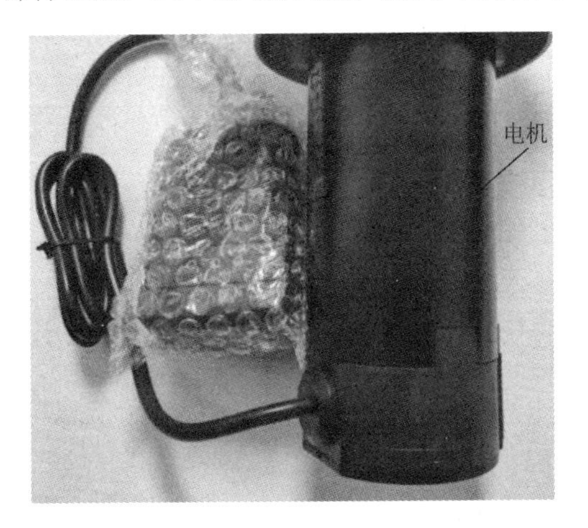

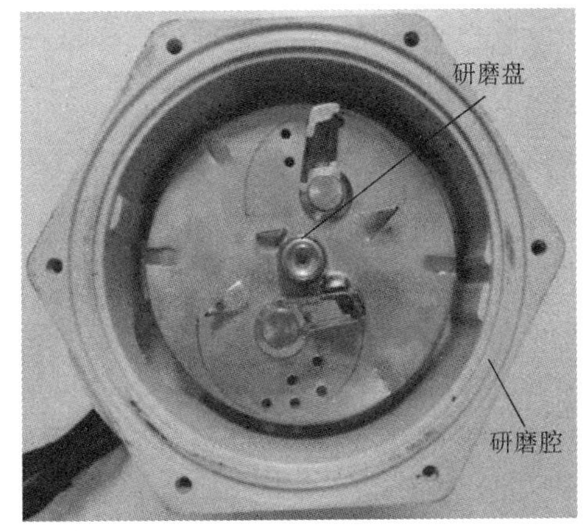

智能垃圾处理器的构造

图 9-2-1　智能厨房垃圾处理器的构成

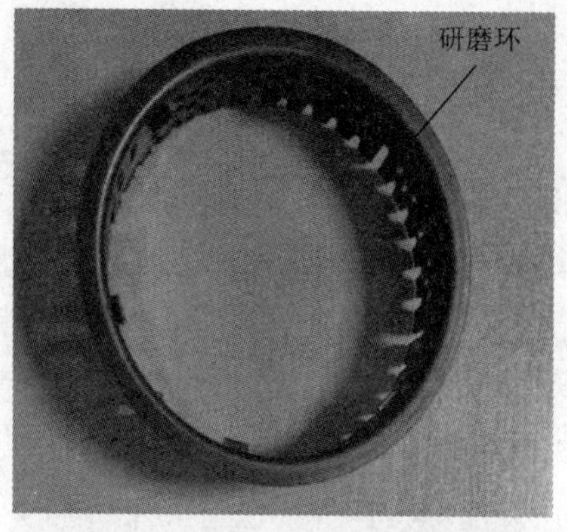

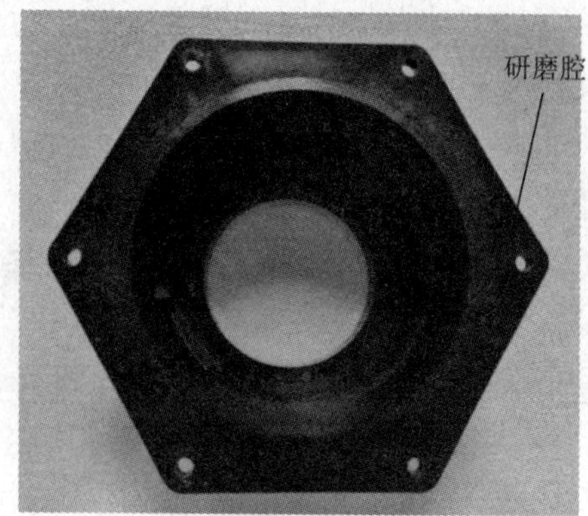

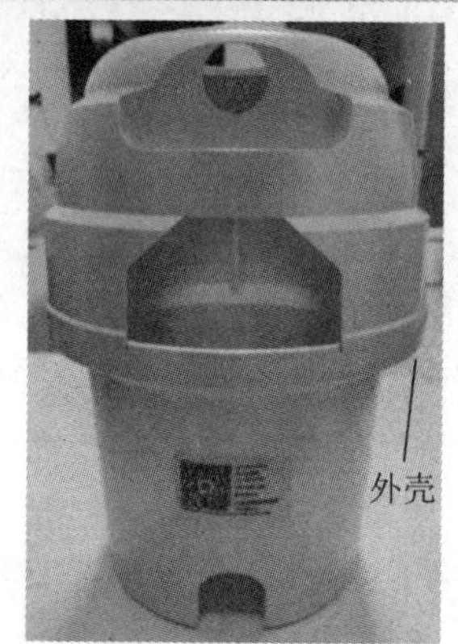

图 9-2-1　智能厨房垃圾处理器的构成（续）

2）核心部件的作用和工作原理

____

____

3）组装流程和规范

学习智能厨房垃圾处理器组装的标准操作流程，包括组装顺序、连接方法等，并了解相关的安全规范和注意事项。

（1）工作环境与散热。

① 确保组装环境温度在设备规定的工作范围内，避免高温或低温对设备性能产生影响。

② 保持工作区域空气流通，以便于散热，防止设备过热导致性能下降或损坏。

（2）熟悉设备结构与功能。

在组装前，应详细阅读设备的使用说明和技术文档，了解各部件的功能和安装要求。

（3）正确选择与使用材料。

① 选择质量可靠的控制面板、电机及其他关键部件，确保它们符合设备的规格要求。

② 避免使用不合格或已损坏的部件，以免对设备的性能和稳定性造成影响。

（4）产品组装。

① 组装过程中应注意轻拿轻放，避免对设备造成物理损伤。

② 对于需要固定的部件，应使用合适的紧固件和工具，确保安装牢固、平稳。

（5）调试与测试。

① 在组装完成后，应进行设备的调试和测试，确保各项功能正常运行。

② 根据实际需求设定正确的控制模式，调整灵敏度和反应迟缓度，以达到最佳工作效果。

③ 记录各个时间段的测试数据，观察其波动幅度，以判定是否有异常情况出现。

（6）安全与防护。

① 在组装过程中，应严格遵守安全操作规程，避免触电、烫伤等事故发生。

② 对于需要通电测试的部分，应在确保安全的前提下进行，避免短路或过载。

③ 由于垃圾处理器工作时电机处于高速旋转状态，在设备运行时，切勿将手伸进研磨腔，确保操作人员的安全。

（7）记录与文档。

① 在组装过程中，应详细记录每一步的操作和测试结果，以便于后续维护和故障排查，详见任务检查表和问题记录表。

② 组装完成后，应整理相关文档和资料，方便后续使用和管理。

4 任务准备

（1）组装工具和材料：准备进行智能垃圾处理器组装所需的工具和材料，如六角扳手或套筒、老虎钳或尖嘴钳、六角螺丝刀、十字螺丝刀等。

（2）安全防护用品：根据组装过程中的安全要求，准备相应的安全防护用品，如静电服、静电手环等。

（3）组装图纸和操作手册：获取垃圾处理器的组装图纸和操作手册，以便在组装过程中参考和遵循。

（4）测试和检查设备：准备用于组装完成后进行功能测试和安全性检查的设备和工具，如万用表等。

5 工作计划

以小组讨论的形式进行组内任务分工，发挥小组成员的特长，通过协作完成任务，并完成表 9-2-1。

表 9-2-1 智能厨房垃圾处理器组装任务分配计划表

类 别	任务名称	负责人	完成时间	工具设备
1				
2				
3				
4				
5				
6				

6 任务实施

（1）电机安装：将电机与研磨腔卡紧锁好，如图 9-2-2 所示。

智能垃圾处理器的组装

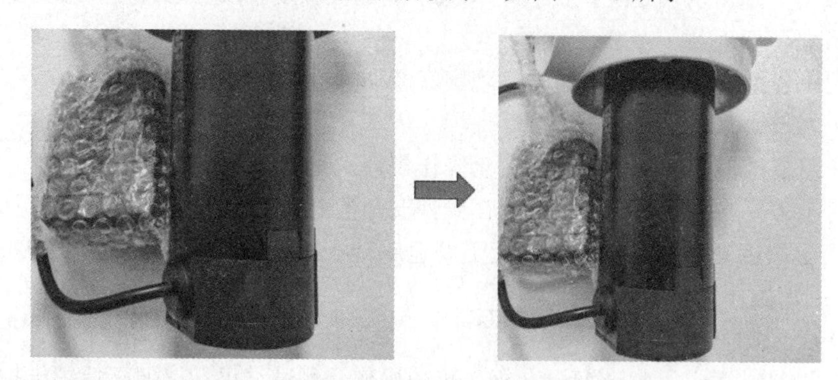

图 9-2-2 电机安装

（2）防水圈与研磨环安装：将研磨环放入研磨腔内，防水圈嵌入研磨腔的凹槽，如图 9-2-3 所示。注意，密封圈需完全放于凹槽内，并整平。

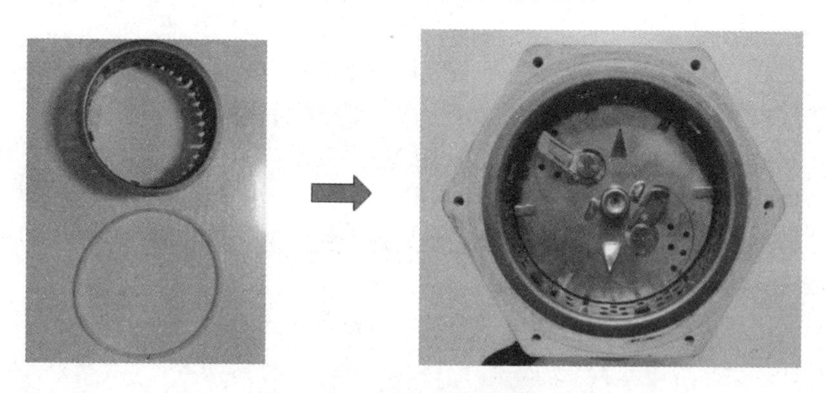

图 9-2-3 防水圈与研磨环安装

（3）研磨腔安装：将研磨腔上盖与下盖对准螺丝孔，用六个六角螺丝锁紧，如图 9-2-4 所示。注意，六角螺丝可先用十字螺丝刀锁，最后再用六角扳手加固，出水口方向要一致。

图 9-2-4 研磨腔安装

（4）隔音棉安装：将隔音棉对准管道孔位，包裹在研磨腔及电机外围，如图 9-2-5 所示。注意，泡棉不能挡住出水口。

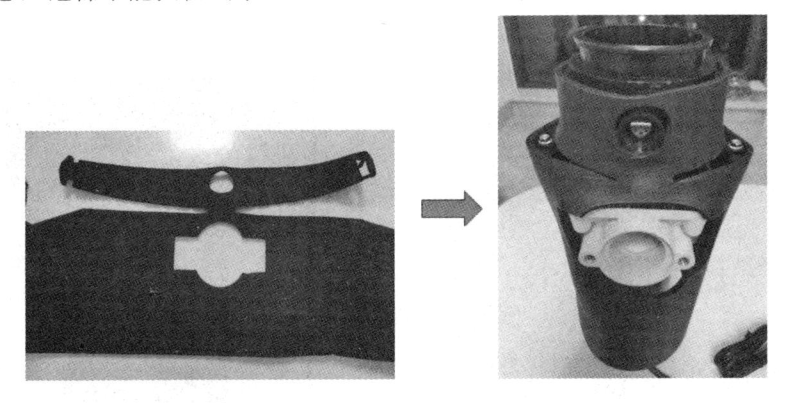

图 9-2-5　隔音棉安装

（5）外壳安装。

① 将上壳卡入研磨腔上方，逆时针旋转至上壳与进水口对准，如图 9-2-6 所示。注意，观察卡扣位置是否旋到底，出水口是否齐平。

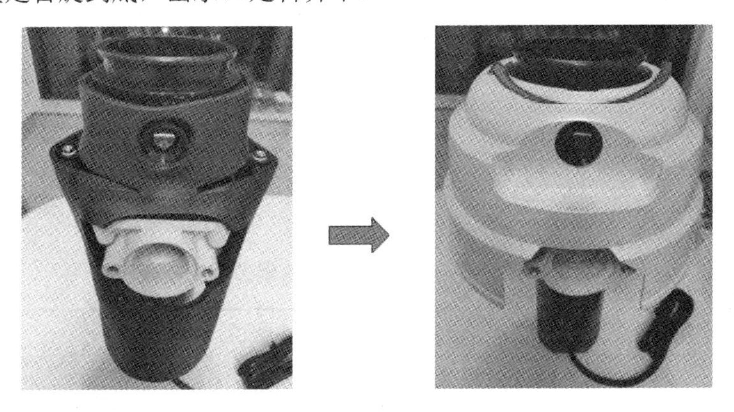

图 9-2-6　外壳安装 1

② 装好上壳后将设备翻转 180°，套上下壳，用 3 颗攻牙螺丝锁紧，如图 9-2-7 所示。

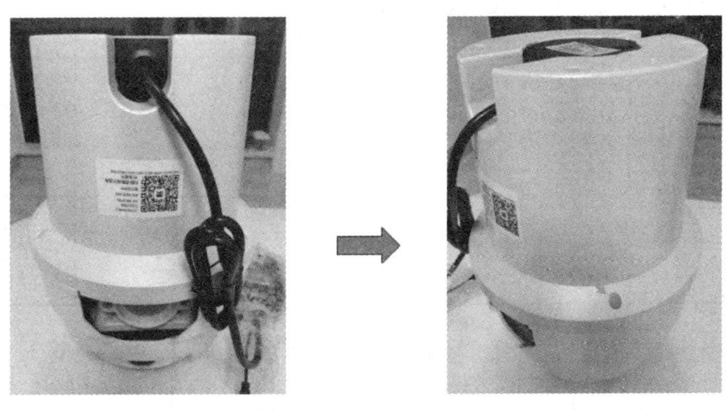

图 9-2-7　外壳安装 2

（6）水管快速接头安装：将垫片放入研磨腔进水口，拧上快速接头，用扳手或尖嘴钳拧紧，如图 9-2-8 所示。注意，垫片需平整放入，再拧紧快速接头，否则可能会导致漏水。

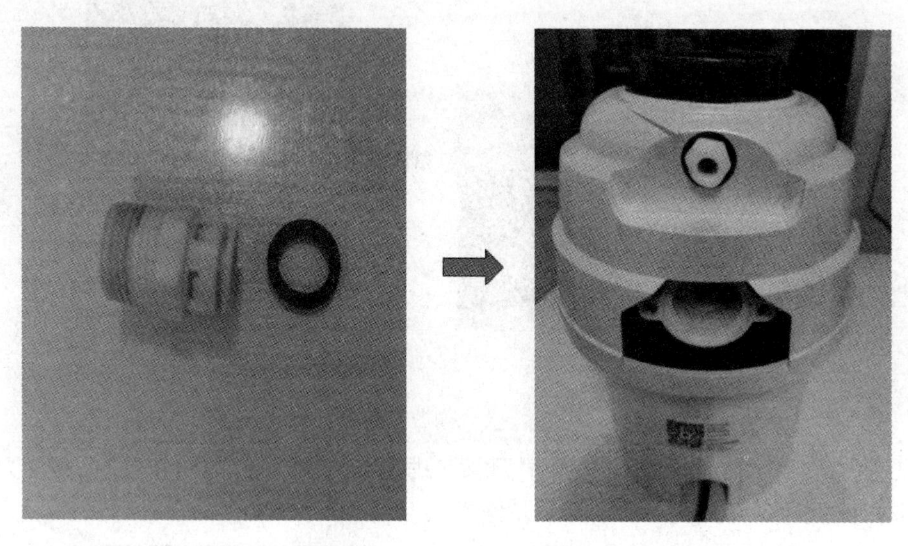

图 9-2-8　水管快速接头安装

7　任务检查

检查所有的表格是否填写完毕，所有仪器是否整理到位，将检测过程中出现的问题与培训师进行沟通，并把所获得的结论记录在表 9-2-2 中。

表 9-2-2　智能厨房垃圾处理器组装任务检查表

类 别	检测类型	检查点	是否正常（√）	备 注
1	外观检查	对智能厨房垃圾处理器进行外观检查，确保没有物理损伤、变形或明显的制造缺陷	□ 是 □ 否	
2	无线开关配对	为垃圾处理器插上电源，为无线开关装上电池，根据说明书进行对码	□ 是 □ 否	此项测试主要确保无线开关与垃圾处理器的对码功能正常
3	功能测试	对码完成后触控开关测试垃圾处理器是否能正常开启和关闭（测试时勿将手伸进研磨腔内）	□ 是 □ 否	此项测试用于确保垃圾处理器能正常使用
4	校准与验证	开启垃圾处理器，观察其运行状态，如刀盘是否转动，设备震动幅度是否过大	□ 是 □ 否	此测试用于确保电机正常运行，研磨腔组装没问题

将检测中出现的异常现象通过团队讨论给出解决方案，并简要记录在下方。

8 任务评价

在表 9-2-3 自评在团队中的表现。

表 9-2-3 自评

自我评价成绩：____

项 目	标 准	等 级		
		优 5分	良 4分	一般 3分
职业素养	完全遵守实训室管理制度和作息制度			
	积极主动查阅资料，与团队成员沟通、讨论并解决老师布置的问题			
	准时参加团队活动，并为此次活动建言献策			
	能够在团队意见不一致时，用得体的语言提出自己的观点			
	在团队工作协作中，积极帮助团队其他成员完成任务			
专业知识	认识智能厨房垃圾处理器的核心部件			
	掌握智能厨房垃圾处理器核心部件的工作原理及相互关联			
	掌握智能厨房垃圾处理器组装过程的安全意识			
	掌握智能厨房垃圾处理器调试测试的核心要点及方法			
专业技能	学会使用智能厨房垃圾处理器			
	能够独立完成智能厨房垃圾处理器与无线开关的对码			
	能够独立完成智能厨房垃圾处理器完整的组装工作			
	能够独立测试智能厨房垃圾处理器的工作性能			

（1）在项目推进过程中，与团队成员之间的合作是否愉快？原因是什么？

____

____

（2）本任务完成后，认为个人还可以从哪些方面改进，以使后面的任务完成得更好？

____

____

（3）如果团队得分是 10 分，请评价个人在本次任务完成中对团队的贡献度(包括团队合作、课前资料准备、课中积极参与、课后总结等)，并打出分数，说明理由。

分数：__________ 理由：________________________________

任务3 故障排查

1 学习目标

（1）能够阐述智能厨房垃圾处理器的工作原理，熟悉每个电路单元或模块在设备中起到的作用。

（2）能够识别在日常使用智能厨房垃圾处理器过程中可能遇到的问题。

（3）能够应用故障分析技能，对使用过程中遇到的故障进行分析排查。

2 任务描述

在智能厨房垃圾处理器组装及调试的过程中，可能会因为人为因素或配件问题导致垃圾处理器无法正常使用；或者在日常使用过程中，由于电路老化或机械故障等原因导致设备无法正常工作。本任务要求学员能利用所学的智能厨房垃圾处理器的构造和工作原理进行具体问题识别，排查故障并对其进行分析及维修，使设备能正常工作。

3 知识储备

1）熟练掌握智能厨房垃圾处理器的工作原理及构造

在做故障排查前，应仔细阅读相关技术文档及说明书，熟悉垃圾处理器的工作原理，掌握核心部件的作用。

2）无线开关的使用

（1）无线开关控制电路图，如图 9-3-1 所示。

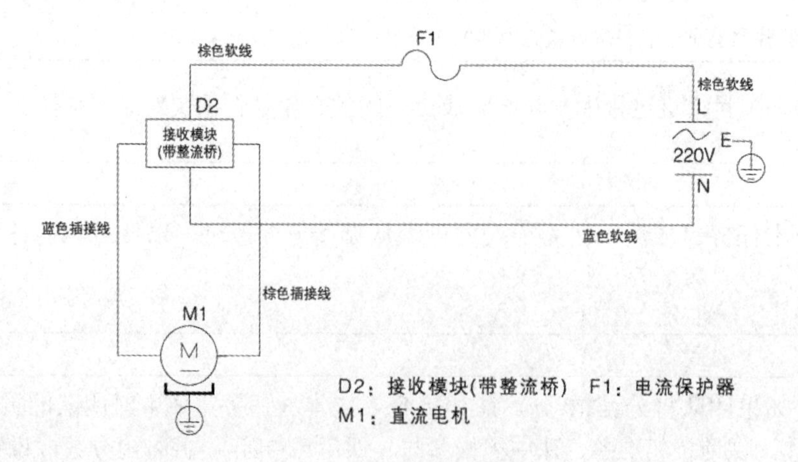

图 9-3-1　无线开关控制电路图

（2）无线开关安装与使用。

① 机器安装完毕后，插上电源，测试开关是否能控制机器，如果可以则确定开关安装位置。

② 选择开关的位置时需要注意：第一，距离机器 3 米以内；第二，没有信号遮蔽（橱柜板若有铝箔或者其他防潮层，可能对信号有屏蔽，要避免信号的死角）；第三，

与水保持一定的距离，位置选择好后要测试一下开关是否能灵敏地控制机器。测试没有问题后，揭下双面胶的保护层，然后将其固定在需要安装的位置上即可。开关的安装位置以安全和易于操作为宜。

③ 插上电源 5 秒内连续触碰开关 3 次，此时机器会进入不断启停状态，再触碰一次开关，对码就完成了，可以正常操作，进入下一个环节；如果没有反应，则重复对码的动作，如果自己无法完成请致电公司售后服务电话。注意，触控开关 1~2 年需更换一次电池，视使用情况决定。

3）常见故障

① 粉碎时声音异常。

② 无法启动。

③ 机器渗漏。

④ 排水弯管渗漏。

⑤ 下水不畅。

⑥ 垃圾处理器通电后不运转，有“嗡嗡”声，随后无反应。

4）使用安全

在使用过程中应严格遵守安全操作规程，注意防护。当出现故障需要拆机排查时，应先断电，避免触电等事故的发生。

首次使用前，用多功能水塞塞住落水口，打开水龙头将水盆蓄满水，然后开机并取出多功能水塞，检查各连接点是否漏水。若有漏水，需要重新连接；若无漏水则安装完成，可以正常工作，如图 9-3-2 所示。

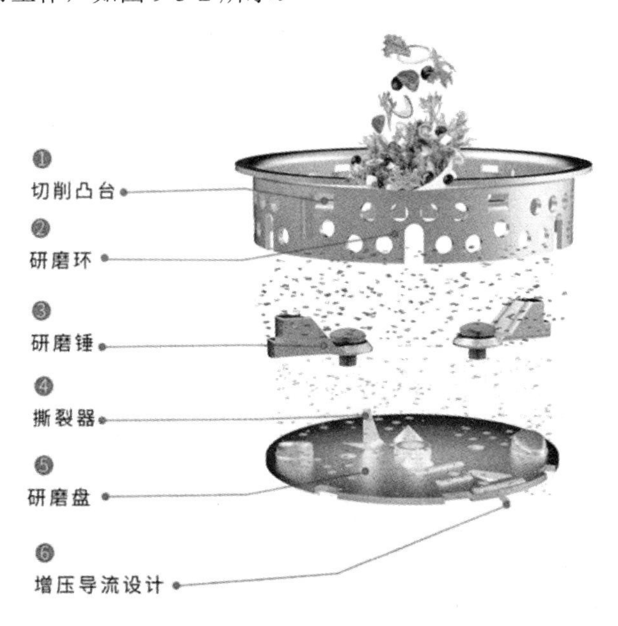

图 9-3-2　垃圾处理器内部剖析图

在使用过程中，切勿将手伸入机器内部。异物或不可处理的东西掉入后需要取出时，要先关闭并拔除电源，再使用长柄工具（夹子或钳子等）伸入研磨腔将异物取出，严禁用手去取。使用机器前，请将防溅罩装置好，并在使用过程持续保持其位置，以免处理过程中垃圾物溅出或伤人。

5）文档记录

在排查故障的过程中，应记录好每个故障及其排查步骤，详细记录排查过程及测试结果，详见问题记录表。

4 任务准备

（1）故障排查的工具和材料：准备进行垃圾处理器故障排查所需的工具和材料，如万用表、剪钳、螺丝刀、绝缘胶带等。

（2）安全防护用品：根据安全防护要求，准备相应的安全防护用品，如绝缘手套、静电手环、静电服等。

（3）技术文档和使用说明书：获取垃圾处理器的工作原理、设备的构造说明和使用说明书，以便在排查故障过程中参考和遵循。

5 工作计划

以小组讨论的形式进行组内任务分工，发挥小组成员的特长，通过协作完成任务，并完成表 9-3-1。

表 9-3-1 智能厨房垃圾处理器故障排查任务分配计划表

类 别	任务名称	负责人	完成时间	工具设备
1				
2				
3				
4				
5				
6				

6 任务实施

（1）粉碎时声音异常。故障分析：粉碎腔里有比较坚硬的异物，如啤酒瓶盖、大块骨头等。

（2）无法启动。故障分析：

① 电路自我保护。

② 整流电路烧坏。

（3）机器渗漏。故障分析：

① 落水口安装不合适，垫圈位置未拧紧。

② 支撑环未拧紧。

③ 防震密封圈有问题，或装歪了。

（4）排水弯管渗漏。故障分析：

① 管道老化破损。

② 压板螺丝未拧紧、松动。

③ 排水管的安装位置不对。

（5）下水不顺畅。故障分析：

① 防溅罩被油脂异物堵塞。

② 研磨盘残留厨余垃圾。

③ 弯管有纤维异物堵塞。

④ 下水管堵塞。

（6）通电后不运转，有“嗡嗡”声，随后无反应。故障分析：刀盘被异物卡死。

7　任务检查

检查所有的表格是否填写完毕，所有仪器是否整理到位，将检测过程中出现的问题与培训师进行沟通，并把所获得的结论记录在表 9-3-2 中。

表 9-3-2　智能厨房垃圾处理故障排查任务检查表

类 别	检测类型	检查点	是否正常（√）	备 注
1	外观检查	对垃圾处理器进行外观检查，确保没有物理损伤、变形或明显的制造缺陷；检查显示屏是否破裂	是 否	此检查用于判断是否因外力撞击导致设备故障
2	密封性	开机前先加入水到研磨腔内，观察各路管道接口是否渗水	是 否	检查各路管道是否接好、拧紧
3	无线开关连接	参考说明书将无线开关与垃圾处理器进行无线连接，尝试打开开关，查看垃圾处理器是否运行	是 否	测试用于确保设备的无线开关连接功能正常
4	工作状态	打开开关，观察垃圾处理器运行的声音是否正常，是否有抖动	是 否	测试研磨腔内部是否正常

将检测中出现的异常现象通过团队讨论给出解决方案，并简要记录在下方。

____

____

____

8　任务评价

在表 9-3-3 中自评在团队中的表现。

表 9-3-3　自评

自我评价成绩：____

项 目	标 准	等 级		
		优 5 分	良 4 分	一般 3 分
职业素养	完全遵守实训室管理制度和作息制度			
	积极主动查阅资料，与团队成员沟通、讨论并解决老师布置的问题			
	准时参加团队活动，并为此次活动建言献策			
	能够在团队意见不一致时，用得体的语言提出自己的观点			
	在团队工作中，积极帮助团队其他成员完成任务			
专业知识	认识智能厨房垃圾处理器的故障排查方法			
	掌握智能厨房垃圾处理器的工作原理			
	掌握智能厨房垃圾处理器测试过程的安全方法及防护			
	掌握智能厨房垃圾处理器测试的核心要点及技术说明			
专业技能	学会无线开关与垃圾处理器进行无线连接			
	能够独立发现智能厨房垃圾处理器的工作异常情况			
	能够独立完成智能厨房垃圾处理器的密封性测试			
	能够独立完成对智能厨房垃圾处理器故障原因的分析			
	能够独立使用工具检测智能厨房垃圾处理器的故障			

（1）在项目推进过程中，与团队成员之间的合作是否愉快？原因是什么？

____

____

（2）本任务完成后，认为个人还可以从哪些方面改进，以使后面的任务完成得更好？

____

____

（3）如果团队得分是 10 分，请评价个人在本次任务完成中对团队的贡献度（包括团队合作、课前资料准备、课中积极参与、课后总结等），并打出分数，说明理由。

分数：__________　理由：______________________________

任务 4　部件维修与调试

1　学习目标

（1）阐述智能厨房垃圾处理器的构造与原理，掌握使用与调试方法。

（2）掌握故障排查技巧，提升故障分析处理能力。

（3）熟练运用维修工具，解决产品故障。

（4）理解外部设备关联性，精准定位故障源。

2　任务描述

本任务要求学员在熟练掌握智能厨房垃圾处理器的构造和工作原理后，能够快速精准地识别智能垃圾处理器在使用及调试过程中出现的故障。学员能应用所学的智能厨房垃圾处理器的构造和工作原理进行具体故障问题的识别、排查、分析，以保障后续维修的精确性，使设备可以正常工作。任务完成后，由培训师带领学员进行复盘及总结。

3　知识准备

1）使用说明

（1）用多功能水塞塞住落水口，打开水龙头将水盆蓄满水，然后开机并取出多功能水塞，检查各连接点是否漏水，若漏水，需要重新连接；若无漏水则安装完成，可以正常工作。

（2）智能厨房垃圾处理器使用流程如图 9-4-1 所示。

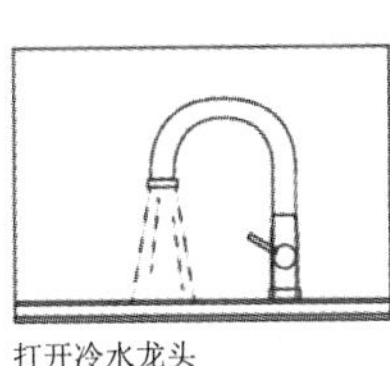

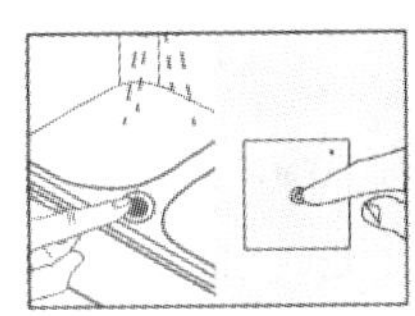

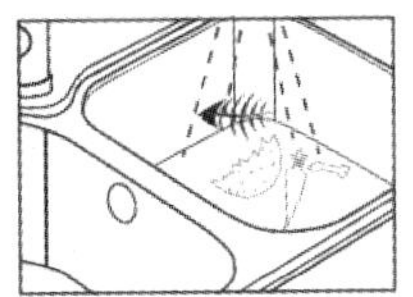

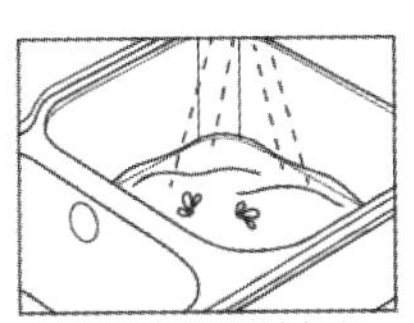

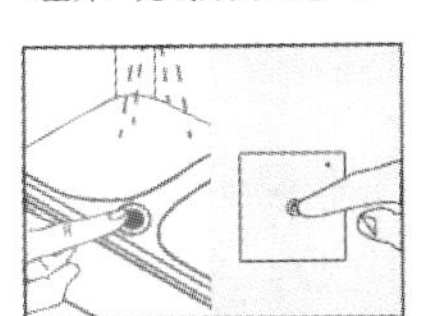

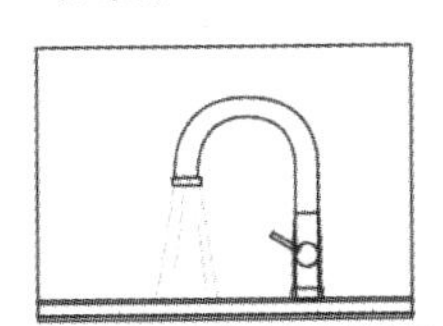

图 9-4-1　智能厨房垃圾处理器使用流程

① 可处理的垃圾，如图 9-4-2 所示。

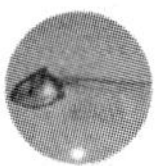

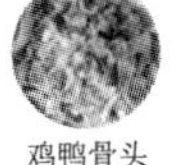

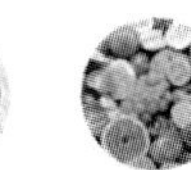

图 9-4-2　可处理的垃圾

② 不可处理的垃圾，如图 9-4-3 所示。

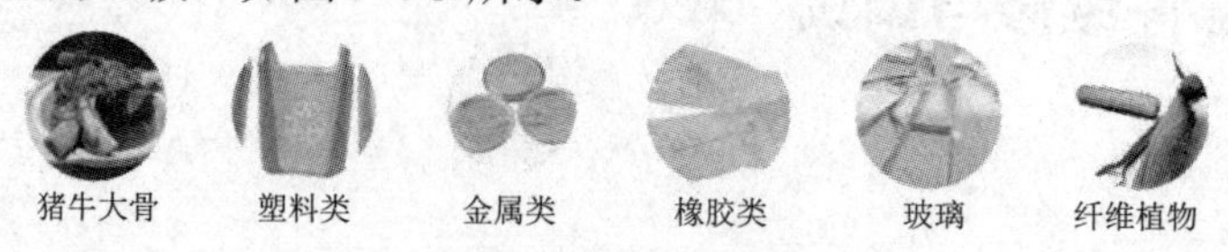

图 9-4-3　不可处理的垃圾

2）日常维护

（1）建议一周或半个月做一次机器清洗，具体操作流程：首先把水盆蓄满水，并适当地加入洗衣粉或者洗洁精；然后取出多功能水塞并开机，利用垃圾处理器高速旋转的离心力清理食物垃圾处理器内部，同时也可以清理下水管道。

（2）经常研磨蔬菜水果皮，可保持水槽清新。

（3）定期研磨少量硬点的物质，如小件骨头、果核和冰，可冲刷研磨室。

3）测试和焊接环境

（1）测试一般在常温环境下进行，个别元件在不同的气温条件下测试阻值可能会得到不同的结果（如温度传感器），将测试结果与其他完好的元件对比即可。

（2）焊接时，不同的电路板材料、元器件要求的温度不同，因此需要控制合适的温度，温度过高或过低都会影响焊接的质量。一般来说，电烙铁焊接电路板需要的适宜温度为 250℃ ~300℃。

4）元件及材料的选择

（1）选择可靠的元件和电路模块，如经过检测的温度传感器、控制板、电机等，确保更换完之后能正常使用。

（2）选择表面光亮无氧化的无铅焊锡，以免造成焊接困难，影响电路性能。

5）注意事项

（1）焊接完，应确保电路板整洁干净、无灰尘、无锡渣残留，以免影响电路板性能。

（2）电烙铁使用后应在烙铁头上留一部分锡，避免烙铁头因长时间没有使用导致氧化不吃锡。电烙铁用完应及时关闭开关或拔掉电源，防止不小心烫伤。

（3）拆下来的元件应单独放置，避免与正常的元件混放。

6）安全与防护

（1）使用本产品之前请仔细阅读本说明书。

（2）本产品只适用于标准家用电源，采用任何其他电压和频率的电源都会影响到本产品的性能或危及人身安全。

（3）当有小孩在场时，应有人看护使用，不得离开，以免造成人身伤害。在使用过程中，请用专用的垃圾导入工具将垃圾送入，切勿将受伸入机器内部。

（4）异物或不可处理的东西掉入需要取出时，请先关闭并拔除电源，应使用长柄工具（夹子或钳子等）伸入研磨腔将异物去除，严禁用手去取。

（5）使用机器前，请将防溅罩装置好，并在使用过程持续保持防溅罩的位置，以免处理过程中垃圾物 溅出或伤到人。

（6）为减少特殊物品对本产品造成不必要的损坏，请不要将以下物品导入垃圾处理器：鱼鳞、 玻璃、瓷器、塑料、金属、整根长骨、听罐、铝箔或餐具、热的油脂、整根玉米或长纤维等垃圾。

（7）不使用本产品时，请将多功能水塞塞好，以免异物落入机器内。全程请使用冷水；避免热油直接倒入，保护厨房下水道。

（8）鼓励混合研磨，常研磨蔬菜水果皮，可保持水槽清新。

（9）定期研磨少量硬件物质，如小件骨头、果核和冰，可冲刷研磨室。

（10）使用前请先打开水龙头，然后再开垃圾处理器，最后才倒入食物垃圾。

（11）使用空气开关时，要保证空气开关干净，如果长期积水，容易导致空气开关失效。

（12）如果电源软线损坏，为避免危险必须由制造商、其维修部或类似部门的专业人员更换。

（13）器具的安装应保证复位按钮和转换开关是易触及的。

7）记录与文档

（1）在维修过程中，应详细记录每一步的操作和测试结果，以便于后续维护和故障排查，如表 9-4-1 所示。

（2）维修完成后，应整理相关工具和材料，方便后续使用和管理。

表 9-4-1 问题记录表

<table>
<tr><td colspan="5">问题记录表</td></tr>
<tr><td>名　称</td><td colspan="2"></td><td>型　号</td><td></td></tr>
<tr><td>报修人员</td><td></td><td>报修日期</td><td colspan="2"></td></tr>
<tr><td>故障描述</td><td colspan="4"></td></tr>
<tr><td>具体原因</td><td colspan="4"></td></tr>
<tr><td colspan="5">维修情况
（以下相关内容需填写）</td></tr>
<tr><td>维修人员</td><td></td><td>维修日期</td><td colspan="2"></td></tr>
<tr><td>故障分析</td><td colspan="4"></td></tr>
<tr><td>解决方案</td><td colspan="4"></td></tr>
<tr><td>更换配件</td><td colspan="4"></td></tr>
<tr><td>功能测试</td><td colspan="4"></td></tr>
</table>

4 任务准备

（1）准备工具及材料：维修前准备好电烙铁、螺丝刀、斜口钳、镊子、万用表等工具，准备焊接材料（无铅焊锡）以及质量可靠的连接线和电路模块等。

（2）安全防护用品：根据测试及焊接需求，准备相应的安全防护用品，如绝缘手套、静电服等。

（3）维修手册和调试说明书：获取维修手册和调试说明书，以便在维修过程中参考和遵循。

5 工作计划

以小组讨论的形式进行组内任务分工，发挥小组成员的特长，通过协作完成任务，并完成表 9-4-2。

表 9-4-2 智能厨房垃圾处理器部件维修与调试任务分配计划表

类 别	任务名称	负责人	完成时间	工具设备
1				
2				
3				
4				
5				
6				

6 任务实施

（1）粉碎时声音异常。解决方案：先关闭电源和水，查看是否有坚硬的异物，若有则用长柄的工具将异物取出。

（2）无法启动。解决方案：

① 先关闭电源，用螺丝刀拨动刀盘，如果可以轻轻拨动，大概率是启动自我保护功能，按下垃圾处理器下方的复位按键，再打开开关观察是否能正常运行。

② 若上述方法仍无法启动，检查垃圾处理器电源线是否接好，松动就重接，如果完好可能是整流电路问题，更换电路板再测试。

（3）机器渗漏。解决方案：

① 检查垫圈是否拧紧，并重新安装落水口。

② 旋转支持盘直至无法转动。

③ 检查密封圈是否有问题，有问题就更换，无问题就重新安装。

（4）排水弯管渗漏。解决方案：

① 更换排水管。

② 调整好压板，锁紧螺丝。

③ 检查排水弯管安装位置是否正确，位置错误就重新安装。

（5）下水不畅。解决方案：

① 用热水冲洗水盆，将异物推进垃圾处理器内。

② 开机彻底粉碎厨余垃圾，关机后将无法粉碎的异物用长柄工具取出。

③ 拆下弯管，清理管道。

④ 用温水或热水冲洗下水管，疏通管道。

（6）垃圾处理器通电后不运转，有“嗡嗡”声，随后无反应。解决方案：关闭电源拔出插头，清除粉碎箱内的阻塞物体。检查排水口是否堵死，用物体拨动粉碎盘，正常旋转后，按下过载保护器（机体外红色圆头按钮）即可正常使用。

7　任务检查

检查所有的表格是否填写完毕，所有仪器是否整理到位，将检测过程中出现的问题与培训师进行沟通，并把所获得的结论记录在表 9-4-3 中。

表 9-4-3　智能厨房垃圾处理器部件维修与调试任务检查表

类 别	检测类型	检查点	是否正常（√）	备 注
1	接线	查看垃圾处理器电源线是否破损，有没有松动；内部接线是否正确	□ 是 □ 否	此检查用于判断是否能正常开机
2	关键部件	更换关键部件时，先检测该部件能否正常使用	□ 是 □ 否	确保关键部件能正常使用
3	刀盘	用长柄工具拨动刀盘，检查刀盘是否能轻松拨动	□ 是 □ 否	测试用于确保刀盘顺畅无卡顿，保护电机，延长寿命
4	校正与调试	操控无线开关，观察垃圾处理器是否能正常开关，以及运行声音和震动幅度是否正常	□ 是 □ 否	此项测试保证无线开关信号没有被遮挡，垃圾处理器能顺畅运行

将检测中出现的异常现象通过团队讨论给出解决方案，并简要记录在下方。

____

____

____

8　任务评价

在表 9-4-4 中自评在团队中的表现。

表 9-4-4 自评

自我评价成绩：____

项 目	标 准	等 级		
		优 5 分	良 4 分	一般 3 分
职业素养	完全遵守实训室管理制度和作息制度			
	积极主动查阅资料，与团队成员沟通、讨论并解决老师布置的问题			
	准时参加团队活动，并为此次活动建言献策			
	能够在团队意见不一致时，用得体的语言提出自己的观点			
	在团队工作中，积极帮助团队其他成员完成任务			
专业知识	掌握智能厨房垃圾处理器的工作原理及核心部件			
	掌握智能厨房垃圾处理器的维修方法			
	掌握智能厨房垃圾处理器的日常维护			
	掌握智能厨房垃圾处理器调试测试的核心要点及方法			
专业技能	学会智能厨房垃圾处理器的工作原理及核心部件的作用			
	学会无线开关的安装注意事项			
	能够独立发现智能厨房垃圾处理器的故障并排查故障			
	能够独立清理智能厨房垃圾处理器的研磨腔及管道疏通			
	能够独立完成智能厨房垃圾处理器故障原因的分析			
	能够独立更换智能厨房垃圾处理器的配件			

（1）在项目推进过程中，与团队成员之间的合作是否愉快？原因是什么？

____

____

（2）本任务完成后，认为个人还可以从哪些方面改进，以使后面的任务完成得更好？

____

____

（3）如果团队得分是 10 分，请评价个人在本次任务完成中对团队的贡献度 (包括团队合作、课前资料准备、课中积极参与、课后总结等)，并打出分数，说明理由。

分数：__________ 理由：______________________________

参考文献

[1] 舒望，刘小兵 . 汽车智能终端的安装与调试 [M]. 北京：机械工业出版社，2021.

[2] 魏彦，孙宏伟 . 智能穿戴设备的设计与现实 [M]. 北京：中国铁道出版社，2019.

[3] 梁立新，冯璐，赵建 . 基于 Android 技术的物联网应用开发 [M]. 北京：清华大学出版社，2020.

[4] 刘娟 . 智能电子产品设计与制作—单片机应用项目教程 [M]. 北京：机械工业出版社，2021.